Springer
*Berlin
Heidelberg
New York
Barcelona
Budapest
Hongkong
London
Mailand
Paris
Santa Clara
Singapur
Tokio*

Jürgen Armbruster

Flugverkehr und Umwelt

Wieviel Mobilität tut uns gut?

Springer

Mit 40 Abbildungen, davon 6 in Farbe

ISBN 3-540-60309-3
Springer-Verlag Berlin Heidelberg New York

Dieses Werk ist urheberrechtlich geschützt. Die dadurch begründeten Rechte, insbesondere die der Übersetzung, des Nachdrucks, des Vortrags, der Entnahme von Abbildungen und Tabellen, der Funksendung, der Mikroverfilmung oder der Vervielfältigung auf anderen Wegen und der Speicherung in Datenverarbeitungsanlagen, bleiben, auch bei nur auszugsweiser Verwertung, vorbehalten. Eine Vervielfältigung dieses Werkes oder von Teilen diese Werkes ist auch im Einzelfall nur in den Grenzen der gesetzlichen Bestimmungen des Urheberrechtsgesetzes der Bundesrepublik Deutschland vom 9. September 1965 in der jeweils geltenden Fassung zulässig. Sie ist grundsätzlich vergütungspflichtig. Zuwiderhandlungen unterliegen den Strafbestimmungen des Urheberrechtsgesetzes.

© Springer-Verlag Berlin Heidelberg 1996

Redaktion: Ilse Wittig, Heidelberg
Umschlaggestaltung: Bayerl & Ost, Frankfurt
unter Verwendung einer Illustration von Cyprian Koscielniak, Amsterdam
Innengestaltung: Andreas Gösling, Bärbel Wehner, Heidelberg
Herstellung: Sieglinde Jeggle, Heidelberg
Satz: Datenkonvertierung durch Springer-Verlag
Druck: Druckhaus Beltz, Hemsbach
Bindearbeiten: J. Schäffer GmbH & Co. KG, Grünstadt
67/3134 – 5 4 3 2 1 0 – Gedruckt auf säurefreiem Papier

Inhaltsverzeichnis

1 Mobilität kontra Umweltschutz....... 1
Mobilität als neuer sozialer Besitzstand....... 1
Wieviel Mobilität tut uns gut?.............. 12
Verkehrspolitik........................ 20
Verkehrsverbundsysteme.................. 29

**2 Wirtschaftliche Bedeutung
des Luftverkehrs**...................... 41
Entwicklung des Luftverkehrs.............. 41
Luftverkehrswirtschaft im Umbruch.......... 51
Regionalflugverkehr –
die alternative Städteverbindung?........... 55
Luftfracht – der alternative Transportweg?.... 58
Wie wirkt sich der Luftverkehr
auf die Volkswirtschaft aus?............... 62
Arbeitsplatz Flughafen.................... 64

3 Landverbrauch durch Flughäfen...... 68
Ökologische Folgen im Flughafenumfeld...... 68
Landverbrauch im Vergleich............... 71

4 Flug- und Bodenlärm................ 74
Wie läßt sich Lärmbelastung messen?........ 76
Wie kann die Lärmbelastung verhindert werden? 87

5 Strahlenbelastung für die Flugreisenden 95

6 Freier Flug in dicker Luft: das Flugzeug als Schadstoffemittent 98
Übersicht zur Umweltbelastung durch den Flugverkehr 98
Auswirkungen des Luftverkehrs auf die einzelnen Atmosphärenschichten. 101
Treibstoff Kerosin 109
Welche Faktoren bestimmen den Treibstoffverbrauch? 111
Die Schadstoffemission in den verschiedenen Flugphasen 126
Wie wirken einzelne Schadstoffe in der Luft? .. 135

7 Schadstoffbilanz eines Fluges 164

8 Neue technische Konzepte zur Umweltentlastung 173
Mantelstromtriebwerke 173
Prophan: das Propellergebläse 181
Unducted Fan: das alternative Triebwerk für Kurz- und Mittelstrecken? 182
Alternative Flugkraftstoffe 184
Einführung von emissionsabhängigen Start- und Landegebühren 190
Aquastripping: die alternative Methode zur Flugzeug-Entlackung 195

9 Ausblick: ohne Politik geht es nicht ... 200

Glossar 203

Literaturhinweise 211

Anschriften 215

Bildquellennachweis 219

Sachverzeichnis 220

Vorwort

Immer mehr Menschen sind heutzutage aus privaten oder geschäftlichen Gründen unterwegs. Das Reisen wird deshalb zunehmend zu einem wichtigen Bestandteil unseres Lebens und gewinnt ständig an Bedeutung.

Wer denkt beim Reisen nicht sofort ans Fliegen? In der Tat ist diese Art der Fortbewegung für viele Menschen immer noch etwas Besonderes und kaum jemand kann sich der Faszination des Fliegens und dem Flair der großen weiten Welt entziehen. Darüber hinaus bringt das Flugzeug die Menschen schnell, komfortabel und sicher ans Ziel.

Seit jedoch allgemein bekannt ist, daß der Mensch dabei ist, seine Umwelt in weltweitem Maßstab zu verändern, und seit Begriffe wie Treibhauseffekt und Ozonloch zum täglichen Sprachgebrauch gehören, müssen wir uns in vielen Bereichen unseres Lebens die Frage stellen, wie sich unser Handeln auf die Umwelt auswirkt.

Trotz aller Begeisterung für das Fliegen und den Annehmlichkeiten, die eine Flugreise mit sich bringt, ist es deshalb dringend notwendig, auch die Auswirkungen des Luftverkehrs zu untersuchen und kritisch zu hinterfragen.

Dabei gilt das Interesse vorwiegend der Lärmbelastung und der Schadstoffemission mit seiner Auswirkung auf das Weltklima. Aber auch mit Fragen zum Landverbrauch durch Flughäfen, sowie zur Strahlenbelastung beim

Fliegen müssen wir uns künftig vermehrt auseinandersetzen. Das Thema Flugverkehr und Umwelt geht uns alle etwas an, denn wir sind viel stärker davon betroffen, als man zunächst denken könnte.

Das vorliegende Buch möchte den Luftverkehr jedoch nicht grundsätzlich verantwortlich machen für die zahlreichen Umweltprobleme, die es auf der Erde gibt. Dazu ist er zu sehr mit anderen Wirtschaftsbereichen verknüpft.

Vielmehr soll das Buch dazu beitragen, die notwendigen Sachinformationen für eine emotionsfreie Diskussion des Themas Flugverkehr und Umwelt anhand aktueller Forschungsergebnisse zu liefern. Alle wesentlichen Umweltauswirkungen werden dabei angesprochen.

Es wird auch gezeigt, wie groß und wichtig die gegenseitige Abhängigkeit zwischen dem Luftverkehr und der Wirtschaft ist. Schließlich soll das Buch auch erläutern was getan wird, bzw. getan werden kann, um die Auswirkungen des Luftverkehrs in einem verantwortungsbewußten Rahmen zu halten.

1 Mobilität kontra Umweltschutz

Mobilität als neuer sozialer Besitzstand

Bezahlbare Flugreisen gehören heute zum sozialen Besitzstand von Millionen Menschen, und Flughäfen werden zunehmend zu einem Symbol für Bewegungsfreiheit und Lebensqualität (Abb. 1). Auf eine gesteigerte Nachfrage nach Flügen in bestimmte Zielgebiete reagieren die Fluggesellschaften (unter Berücksichtigung von Nachfrage-Elastizitäten) möglichst rasch.

Nicht zuletzt wegen dieser Entwicklung wird in den letzten Jahren immer deutlicher, daß ein wirksamer Schutz der Umwelt künftig nicht nur allein durch technologische Fortschritte und technische Maßnahmen erreicht werden kann. Vielmehr ist ein ganzheitliches Konzept gefragt, das auch die Frage nach der Mobilität berücksichtigt. Der Verkehrssektor spielt hierbei die entscheidende Rolle.

Galten bisher persönliche Gesundheit sowie wirtschaftliche und soziale Sicherheit als Grundbedürfnisse des Menschen, so tritt heute der Wunsch nach einer intakten Umwelt, einem sicheren Arbeitsplatz und nicht zuletzt einer höheren Mobilität immer mehr in den Vordergrund. Der Begriff »mobil« wird in unserer Gesell-

Abb. 1. Landeanflug auf den Flughafen Kai Tak in Hongkong. In geringer Höhe und nach genau festgelegten Flugmanövern direkt über der Stadt steuern die Flugzeuge der Landebahn entgegen.

schaft oft gleichgesetzt mit unabhängig, frei und ungebunden. Eine möglichst große Mobilität ist daher für viele Menschen zu einer Art sozialem Besitzstand geworden, auf den sie nicht mehr verzichten möchten.

Genau hier wird das Spannungsverhältnis deutlich zwischen dem Menschen mit seinem Anspruch auf eine möglichst uneingeschränkte Mobilität und dem gleichen Menschen, der in einer gesunden und unbelasteten Umwelt leben möchte.

Daher gilt es, in einer verantwortlichen Art und Weise eine Balance zu finden zwischen wirtschaftlichem Wachstum einerseits und dem steigenden Bedarf an Mobilität anderseits, wobei gleichzeitig die Belange der Umwelt, die es zu schützen gilt, berücksichtigt werden. Die Möglichkeiten zu einer Reduzierung von luftfahrtbedingten Belastungen lassen sich in zwei wesentliche Bereiche aufteilen. Zum einen ist eine Reduzierung von Flugbewegungen zu nennen und zum anderen die Entwicklung neuer Technologien im Flugzeug- und Triebwerkbau.

Eine insbesondere von Umweltschutzverbänden immer wieder geforderte Eindämmung des Flugverkehrs erscheint derzeit kaum denkbar, da trotz umweltwirksamer Emissionen ein Großteil der Wirtschaft auch weiterhin auf schnelle und regelmäßige Flugverbindungen angewiesen ist. Hinzu kommt, daß viele Menschen in unserer Gesellschaft auf eine Urlaubsreise mit dem Flugzeug nicht mehr verzichten möchten.

Immer schneller, immer weiter...

Die Gründe für den enormen Anstieg der Mobilität sind sehr vielfältig. Die wesentlichen Auslöser dazu waren die wirtschaftlichen und technologischen Entwicklungen in den letzten 30 Jahren. Die größte Bedeutung hat wohl die Automobilindustrie, die vorwiegend in Europa einen wesentlichen Anteil am wirtschaftlichen Wachstum hat und oft als Motor der Wirtschaft und als Frühindikator der Konjunkturentwicklung dargestellt wird.

Bemerkbar machte sich ein erhöhter Mobilitätsbedarf zuerst in den Industrieländern, in denen es die Automobilindustrie schaffte, beispielsweise durch Serienproduktionen, günstige Fahrzeuge herzustellen, die sich ein Großteil der Bevölkerung leisten konnte. Geänderte Verhaltensmuster und eine sich schnell wandelnde Lebensweise der Menschen waren die Folge. Die Allgegenwärtigkeit des Automobils hat dazu geführt, daß sich eine gewisse Massenmobilität entwickeln konnte.

Durch das Vorhandensein eines privaten Verkehrsmittels wurden die Menschen nun erstmals in die Lage versetzt, ganz individuell zu reisen, und das schneller, weiter und häufiger, als dies bisher möglich war. Somit wurde eine Lebensweise gefördert, bei der ein Großteil der Bevölkerung glaubt, ein uneingeschränktes Recht auf individuelle Mobilität zu haben.

Obwohl der Kraftfahrzeugverkehr noch immer den bedeutendsten Verkehrsträger darstellt, deckt heute auch der Luftverkehr und die Eisenbahn einen zunehmenden Teil des Bedarfs an Mobilität ab.

Neben den Besorgungen für das tägliche Leben zeigt sich der Wunsch nach Mobilität besonders im Tourismus. Die Wirtschaft ist dagegen vorwiegend auf einen schnellen Austausch von Waren und Gütern angewiesen, um konkurrenzfähig zu sein und somit den wirtschaftlichen Wohlstand sicherzustellen.

Strukturwandel in der Wirtschaft

Zahlreiche strukturelle Veränderungen haben in der Wirtschaft zu einer verstärkten Verkehrsnachfrage geführt. Als Gründe hierfür sind beispielsweise zu nennen:

- Verlagerung der Produktion von elementaren Industriegütern hin zu hochwertigen High-Tech-Produkten
- Zunehmende Bedeutung des Dienstleistungssektors
- Weltweiter Absatz und Einkauf von Produkten (Globalisierung der Märkte)
- Kurzfristiges Bereitstellen und sofortiges Verarbeiten von Fertigungsgütern ohne Zwischenlagerung (Just-in-time-Methode)

Nicht nur strukturell bedingte Veränderungen in der Produktion, sondern zunehmend auch die Verlagerung ganzer Produktionsstätten in andere Gebiete oder Länder führten in den letzten Jahren zu einer enormen Erhöhung der Frequenzen beim Güterverkehr.

Besonders in Deutschland gehen wegen eines steigenden Kostendrucks viele Firmen dazu über, einzelne Fertigungsbereiche ins Ausland zu verlegen, um von den dortigen günstigeren Produktionskosten zu profitieren. Dieses Verhalten bewirkt fast zwangsläufig eine höhere Nachfrage nach Beförderungsleistungen, worauf die verschiedenen Verkehrsträger entsprechend reagieren.

Im Bereich des Dienstleistungssektors konzentriert sich dagegen der Bedarf an Mobilität eher auf eine direkte Beförderung von Personen. Um die Kunden zu betreuen ist es oft notwendig, direkt vor Ort präsent zu sein. Mit Sicherheit wird der Dienstleistungsbereich noch weiter an Bedeutung gewinnen, so daß dessen Anteil am Brutto-Inlandsprodukt der Europäischen Union bis zum Jahr 2000 schätzungsweise auf etwa 66% ansteigen wird.

Waren früher lediglich Großunternehmen in der Lage, Einkäufe überregional zu tätigen und ihre Produkte weltweit abzusetzen, so geht der Trend heute dahin, daß sich auch kleinere Firmen auf dem Weltmarkt bewegen.

Die zunehmende Globalisierung der Märkte führt einerseits zu Kostenvorteilen für die Unternehmen, andererseits jedoch auch zu einer höheren Nachfrage nach Beförderungsmöglichkeiten.

Wie sehr die gesamte Wirtschaft auf schnelle, sichere und zudem noch kostengünstige Transportmöglichkeiten angewiesen ist, zeigt sich besonders deutlich bei der Bereitstellung von Gütern für die Fertigung. Da das Lagern von Warenbeständen teils mit erheblichen Lagerkosten verbunden ist, sind zahlreiche Firmen dazu übergegangen, sich je nach Bedarf ganz kurzfristig und individuell das gerade benötigte Fertigungsmaterial anliefern zu lassen, um es danach gleich in den Fertigungsprozeß einzubringen. Allerdings führt diese sogenannte Just-in-time-Methode zu mengenmäßig kleineren und damit auch häufigeren Lieferungen, was wiederum mehr Beförderungsleistung und somit auch mehr Mobilität erforderlich macht.

Da diese Transporte vorwiegend mit Lkws durchgeführt werden, spricht man hier auch von rollenden Lagerbeständen. So betrachtet, wird die Lagerung gewissermaßen auf die Straße verlagert. Geht man davon aus, daß die volkswirtschaftlichen Kosten des Straßenverkehrs höher sind als die derzeit zu zahlenden Transportkosten, so bedeutet dies, daß eine durch die Just-in-time-Methode der Unternehmen bewirkte Kostenminimierung zu Lasten der Allgemeinheit geht.

> Die Entwicklung geht eindeutig dahin, immer mehr hochwertige Güter über größere Entfernungen und häufiger zu versenden, wobei die Größe einer einzelnen Sendung immer geringer wird. Faktoren wie Geschwindigkeit, Häufigkeit und Flexibilität gewinnen dabei ständig an Bedeutung. Genau diese Faktoren sind es, die der Luftverkehr in besonde-

rem Maße erfüllen kann. Dadurch bedingt, nimmt der Luftfrachtverkehr gegenüber erdgebundenen Verkehrsträgern überproportional zu (s. S. 58). So gesehen, bietet der Luftverkehr nicht nur Beförderungsleistungen an, sondern er trägt wesentlich dazu bei, die von der Wirtschaft benötigte und nachgefragte Mobilität möglichst langfristig zu sichern.

Tourismusbranche – Boom ohne Ende?

Die weltweite wirtschaftliche Entwicklung hat in den vergangenen Jahren immer stärker auch die Tourismusbranche berührt. Obwohl im Gegensatz zu vielen Regionen der Erde in Europa die Gesamtbevölkerungszahl der Europäischen Union bis zum Jahr 2010 ziemlich konstant bleiben wird, ergibt sich alleine aus den Veränderungen der Bevölkerungsstruktur (altersmäßige Zusammensetzung) eine erhöhte Nachfrage nach Reisen. Hinzu kommt, daß der Wertewandel in der Gesellschaft, ein höheres Durchschnittseinkommen auch der jüngeren Generation sowie mehr Freizeit die Reisetätigkeit ankurbeln. Schlüsselt man die genannten Einflußgrößen weiter auf, so werden diese wiederum von folgenden wichtigen Faktoren bestimmt:

- Steigende Anzahl von Erwerbstätigen in einem Haushalt (z.B. Doppelverdiener)
- Höhere Zahl von kleineren Haushalten (Trend zu Single-Haushalten)
- Herabsetzung des Rentenalters (z.B. durch Frühpensionierungen)
- Kürzere und flexiblere Arbeitszeiten

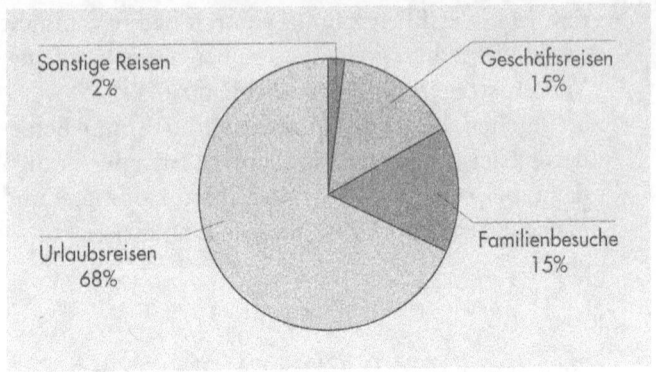

Abb. 2. Verteilung der Übernachtungsreisen in Deutschland.

Die dargestellten Faktoren wirken sich in den einzelnen Bevölkerungsgruppen ganz verschieden auf die Reisetätigkeit aus. So ist derzeit zu beobachten, daß die Gruppe der jungen Erwachsenen und Rentner einen überproportionalen Anteil am Wachstum in der Tourismusbranche aufweist.

Zunächst stellt sich jetzt die Frage, was unter Tourismus eigentlich zu verstehen ist. Im internationalen Verständnis werden neben Urlaubs- und Besuchsreisen, dem sogenannten Ferientourismus, auch Reisen zu Geschäftszwecken zum Tourismus gezählt. Abbildung 2 zeigt, wie sich die Reisen mit ihrer unterschiedlichen Zweckbestimmung verteilen. Bei dieser Darstellung zeigt sich deutlich, welch große Bedeutung der Ferientourismus für die Transportwirtschaft hat.

Schlüsselt man nun die Urlaubsreisen in die Nutzung der verschiedenen Verkehrsmittel auf, ergeben sich folgende Anteile:

PKW   53%
Flugzeug   28%
Bus   10%
Bahn   7%
Sonstige   2%

Die Werte beziehen sich auf das Jahr 1993, wobei der Verkehrsträger Flugzeug gegenüber dem Vorjahr zwei Prozentpunkte hinzugewonnen hat.

Hier ist deutlich eine Verlagerung hin zum Flugzeug zu erkennen. Von der derzeit starken Zunahme bei den Urlaubsreisen profitiert also in besonderem Maße der Luftverkehr. Wahrscheinlich wird diese Entwicklung langfristig anhalten. Hinzu kommt, daß die künftige Bedeutung des Luftverkehrs hinsichtlich der Entwicklung des Ferientourismus von zahlreichen Faktoren abhängig ist. Einige Trends lassen sich schon heute aufzeigen:

- Mehr Freizeit und zunehmende Individualität führen in jedem Falle zu häufigeren Reisen, oftmals verbunden mit spontanen Reiseentschlüssen und der Nutzung von sogenannten Last-minute-Angeboten.
- Weiterhin geht der Trend vermehrt dahin, neben dem klassischen Sommer- und Winterurlaub Kurzreisen sowie Kulturreisen zu machen. Aus Zeitgründen kommt hierbei immer öfter das Flugzeug als Transportmittel zum Einsatz. Besonders deutlich wird dies wenn man bedenkt, daß einige Reiseveranstalter inzwischen schon dreitägige Einkaufsreisen nach New York anbieten. Insgesamt machen so etwa 5% der bundesdeutschen Bevölkerung bereits drei oder mehr Urlaubsreisen im Jahr.
- Das Reiseverhalten wird immer mehr von individuellen Wünschen geprägt. Die klassische Pauschal-

reise (Buchung von Anreise und Unterkunft als Urlaubspaket) könnte dadurch etwas an Bedeutung verlieren.

Als Zielgebiete gewinnen die Fernstreckenziele, insbesondere in die Karibik, USA und nach Fernost, stark an Bedeutung. Die klassischen Urlaubsziele rund ums Mittelmeer sind jedoch besonders bei Kurzreisen sowie bei Badeurlauben nach wie vor beliebt.

Auf die sich ändernden Kundenbedürfnisse reagieren die Fluggesellschaften entsprechend. Trotz Umwandlung zahlreicher Strecken in Linienverbindungen stellt der Charterflugverkehr noch immer das wichtigste Transportmittel dar, insbesondere beim Pauschaltourismus (s. S. 48).

Viele Linienfluggesellschaften haben die Zeichen der Zeit ebenfalls erkannt und setzen vermehrt auf die Kundengruppe der Urlaubsreisenden. Die klassischen Unterschiede zwischen einem Linien- und Charterflug, wie z.B. verschiedene Zielgebiete, eine andere Vertriebsstruktur sowie einem niedrigeren Preisniveau, werden daher zunehmend geringer.

Weltweit sind heute rund 500 Millionen Menschen in der Tourismusbranche beschäftigt, und sie bildet die Lebensgrundlage für mindestens eine Milliarde Menschen. Es braucht daher nicht betont werden, welch bedeutende Wirtschaftskraft dahintersteckt.

In zahlreichen Ländern wird der Tourismus immer mehr zu einem wichtigen Wirtschaftsfaktor. Grundlegende strukturelle Veränderungen in den touristischen Zielgebieten sind die Folge.

Besonders in wirtschaftlich schwachen Regionen der Erde bewirkt der expandierende Tourismus eine Abkehr von herkömmlichen Erwerbsquellen, wie z.B. der

Landwirtschaft, und eine Hinwendung zum Aufbau von infrastrukturellen Einrichtungen für die Tourismusbranche.

Allerdings ist der sehr dynamische Wachstumsmarkt auch äußert anfällig in bezug auf politische und wirtschaftliche Veränderungen und reagiert nicht immer so, wie es die verschiedenen theoretischen Modelle vorsehen.

Beispielsweise ist zu beobachten, daß im Falle politischer oder wirtschaftlicher Ereignisse Reisen in ein bestimmtes Land von heute auf morgen unterbleiben. Selbst Reisen, die lange Zeit im voraus gebucht wurden, werden dann größtenteils sofort storniert. Die Präferenzen für oder gegen ein Land als Reiseziel sind daher nicht selten von Affekten überlagert, da die Reisenden oftmals die tatsächliche Situation in einem Land nicht überprüfen wollen oder auch die nötigen Informationen dazu nicht besitzen. Kurzfristig bedeutet dies, daß andere Reiseländer unvorhersehbarerweise verstärkt nachgefragt werden, was das mobile Verhalten breiter Bevölkerungsschichten insgesamt ebenfalls unterstreicht.

> Trotz zahlreicher Probleme, die der weltweite Tourismus für die betroffenen Menschen und die Umwelt mit sich bringt, sehen Wirtschaftsexperten in der Tourismusbranche bereits heute eine tragende Säule für die Zukunft. Durch eine sinnvolle Nutzung der natürlichen Ressourcen besteht insbesondere auch für Länder mit einer geringen Kapitalkraft (z.B. Dritte Welt) die besondere Chance, am Tourismusboom teilzuhaben. Der Tourismus, und damit verbunden auch der Flugverkehr, kann so wesentlich dazu beitragen, den Grundstein für eine künftige wirtschaftliche Entwicklung eines Landes zu legen.

Wieviel Mobilität tut uns gut?

Die ständig steigende Nachfrage nach Mobilität kann in unserer Gesellschaft auch Probleme mit sich bringen, die bisher überhaupt noch nicht abschätzbar sind.

Uneingeschränkte Mobilität wird daher von vielen Menschen bereits in Frage gestellt, obwohl eben dieses mobile Verhalten wesentlichen Einfluß auf Verbesserungen in Wirtschaft und Gesellschaft hat. Soziale Auswirkungen des steigenden Mobilitätsbedarfs könnten sich folgendermaßen widerspiegeln:

- Familienmitglieder verbringen einen wesentlichen Teil des Urlaubs ganz individuell
- Änderung von Verhaltensmustern, da man sehr schnell von einem Ort zum anderen kommen kann (Bsp.:Häufigere Einkäufe in entfernteren Städten)
- Persönliche Freiräume können die Mobilität von Mitmenschen beeinträchtigen
- Mögliche gesundheitliche Auswirkungen auf den menschlichen Biorhythmus
- Faktor Zeit wird zunehmend zu einem entscheidenden und wertvollen Gut

Da, wie bereits erläutert, wirtschaftliches Wohlergehen eng mit Mobilität verknüpft ist, kann man diese kaum generell in Frage stellen. Es muß vielmehr überlegt werden, ob wir Menschen unbedingt überall so schnell hinmüssen. Wir müssen uns daher zunächst fragen, wo Ansätze möglich sind, das mobile Verhalten zu ändern.

Ansatzpunkte dazu könnten insbesondere beim Ferientourismus gefunden werden, da der Faktor Zeit in diesem Bereich noch nicht die entscheidende Rolle spielt. Trotzdem wird es für viele Menschen immer wichtiger, daß sie das gewählte Verkehrsmittel so schnell und so komfortabel wie möglich von Zuhause an das Wunschziel bringt. Da sich dabei viele Erholungssuchende für die Anreise zum Urlaubsort einen engen zeitlichen Rahmen setzen, ist dies fast zwangsläufig mit erheblichem Streß verbunden. Doch könnten die »schönsten Wochen des Jahres« nicht schon mit der Anreise beginnen?

Beispiele dafür, wie bereits die Anreise als Teil des Urlaubs empfunden werden kann, lassen sich gewiß viele finden. Besonders deutlich zeigen sich die Möglichkeiten jedoch beim Langstrecken-Flugverkehr.

Heute ist es beispielsweise möglich geworden, ohne das Flugzeug zu verlassen, direkt von Europa nach Neuseeland zu fliegen. Über die Pazifikroute ist dabei lediglich ein Tankstopp, meistens in Los Angeles, erforderlich, und die Passagiere erreichen nach einer Flugzeit von etwa 25 Stunden ihr Ziel am anderen Ende der Welt. Doch macht es überhaupt Sinn, Neuseeland auf dem schnellsten Weg zu erreichen?

Zunächst ist eine solche Reise mit einer erheblichen Zeitverschiebung verbunden, was sich in Form von Unwohlsein, dem sogenannten Jet-lag, bemerkbar machen kann. Da eine so lange Reise doch sehr ermüdend ist, wird der Tag nach der Ankunft unbedingt zur Erholung genutzt. Bedenkt man, daß für die Rückreise das gleiche gilt, so gehen mindestens vier Tage des eigentlichen Urlaubs verloren.

Es kann dagegen doch sehr reizvoll sein, auf dem Hin- und Rückflug unterwegs ein paar Stopps einzuplanen. Einige Fluggesellschaften bieten Flugunterbrechungen und Umsteigeverbindungen ohne Aufpreis an. Im Falle von Neuseeland könnte man also je nach Fluggesellschaft in Kalifornien, Hawaii und zahlreichen Südseestaaten einen kurzen Zwischenaufenthalt einplanen und viel Sehenswertes mitnehmen, so daß die Anreise schon zur eigentlichen Reise gehört und der Zeitfaktor sicherlich von nachrangiger Bedeutung wäre.

Dieses Beispiel soll zeigen, daß es nicht zwangsläufig einen Qualitätsverlust bedeutet, das eigentliche Urlaubsziel nicht auf dem schnellsten Wege zu erreichen.

> Im Langstreckenverkehr sind Nonstop- und Direktverbindungen zunehmend gefragt, und ohne eine Änderung von menschlichen Verhaltensmustern und Sichtweisen wird sich das kaum ändern.

Mobil zugunsten der Umwelt

Trotz vielfältiger Gründe und zahlreicher Verflechtungen bezüglich der Zunahme des Mobilitätsbedarfs sollten die daraus resultierenden Umweltfolgen nicht aus dem Auge verloren werden.

Was den Luftverkehr betrifft, so gibt es innerhalb zahlreicher Fluggesellschaften auch wirtschaftspolitische Ansätze zu erarbeiten, um die absolute Menge der Schadstoffemissionen durch Flugzeuge zu reduzieren und gleichzeitig die Nachfrage nach Transportleistungen zu befriedigen.

Mögliche Lösungsansätze zur Reduzierung der Flugbewegungen bei gleichzeitig steigenden Passagierzahlen könnten daher sein:

- Einsatz größerer Flugzeuge
- Zusammenlegung unwirtschaftlicher Flugstrecken
- Teilweiser Verzicht auf eine Mehrklassenbestuhlung
- Bessere Abstimmung von Flugzeiten und Streckenführung zwischen Fluggesellschaften

- Kooperation zwischen Fluggesellschaften (z.B. Code-Sharing)
- Verringerung des No-Show-Problems (Nichterscheinen beim Abflug)

Auf Flughäfen sind ebenfalls Maßnahmen notwendig, um die vielfach bestehenden Kapazitätsengpässe abzubauen. Zwar führen diese Lösungsmöglichkeiten nicht zu einer Verringerung der Flugbewegungen und damit auch nicht zu einer direkten Emissionsminderung, sie können jedoch dazu beitragen, Ausbauvorhaben zeitlich zu verzögern. Indirekt tragen die Maßnahmen aber dazu bei, daß z.B. Anflugverzögerungen in Form von Warteschleifen und damit der unnötige Verbrauch von Kerosin reduziert werden. Als Ansatzpunkte zur Reduzierung dieser indirekten Schadstoffemission (ohne gleichzeitige Verringerung der Flugbewegungen) sind insbesondere zu nennen:

- Leitsysteme zur Optimierung des Rollverkehrs auf Flughäfen
- Warnsystem für Wirbelschleppen
- Einsatz neuer Landehilfen, wie z.B. dem Mikrowellen-Landesystem (MLS)
- Optimierte Radarüberwachung

Die drei letztgenannten Punkte ermöglichen in besonderem Maße sehr flexible Anflüge, verbunden mit einer Verringerung des Abstands zwischen anfliegenden Flugzeugen (Mindeststaffelung). Dadurch könnte man außerdem den sogenannten Koordinationseckwert eines Bahnsystems, also die maximal mögliche Zahl von Flugbewegungen in einem Zeitabschnitt unter normalen Bedingungen, ohne nennenswerte Ausbaumaßnahmen erhöhen.

Sämtliche genannten Möglichkeiten setzen bei den Flughafengesellschaften wie bei den Fluglinien allerdings ein hohes Maß an Flexibilität und Kooperationsbereitschaft voraus. Diese Bereitschaft wird von den Fluggesellschaften durch zahlreiche Abkommen zwischen europäischen und nordamerikanischen Fluggesellschaften wie z.B. zwischen Lufthansa und United Airlines, Swissair und Delta Airlines sowie zwischen KLM und Northwest unterstrichen.

Konzentrationsprozeß

Unter einem Konzentrationsprozeß sind zunächst alle Aktivitäten zwischen Fluggesellschaften zu verstehen die darauf abzielen, eine enge Zusammenarbeit auf verschiedenen Gebieten herbeizuführen. Ziel soll es dadurch sein, gemeinsam den wirtschaftlichen Nutzen aus dem Luftfahrtgeschäft zu fördern und somit auch den Gewinn zu vergrößern.

Eine zunehmende Privatisierung in der internationalen Luftfahrt sowie der vermehrte Aufbau von Marketingallianzen zwischen Fluggesellschaften werden den Konzentrationsprozeß in der Luftfahrt weiter vorantreiben. Die Aktivitäten von Fluggesellschaften zeigen sich dabei in ganz unterschiedlicher Form.

Das Beispiel der Deutschen Lufthansa AG zeigt besonders gut, wie durch Kooperationen Schritt für Schritt ein globales Flugnetz aufgebaut wird. So bestehen heute mit folgenden Fluggesellschaften Kooperationsabkommen: SAS in Skandinavien, United Airlines in den USA, Canadian Airlines in Kanada, Varig in Brasilien, Thai Airways in Thailand, Ansett in Australien sowie SAA in Südafrika.

> Die Vorteile einer solchen Kooperation liegen klar auf der Hand. Durch eine Zusammenarbeit im administrativen als auch im operationalen Bereich kann eine Reduzierung der anfallenden Fixkosten erreicht werden. Außerdem können alle wichtigen Märkte durch solch ein globales Netz erschlossen werden, ohne jedes Ziel mit eigenen Maschinen anfliegen zu müssen. Mit Sicherheit wird dieses Vorgehen der Fluggesellschaften künftig noch an Bedeutung gewinnen.

Weitergehende Konzentrationen gehen dahin, eine gegenseitige Kapitalbeteiligung vorzunehmen, wobei eine Fluggesellschaft beim jeweiligen Partner ein gewisses Mitbestimmungsrecht in wichtigen Entscheidungen erlangt. Läßt man sogenannte Nischenanbieter einmal außer Betracht, so geht die Entwicklung derzeit hin zu immer weniger, aber immer größeren Fluggesellschaften. Begünstigt wird dies auch dadurch, daß weltweit immer mehr Flugstrecken nachgefragt werden, die von einer einzelnen Fluggesellschaft überhaupt nicht oder nur unzureichend bedient werden könnten. Trotzdem bleibt für eine große Fluggesellschaft der Heimatmarkt mit seinem meist dichten Streckennetz extrem wichtig.

Anders als in Europa sind die Konzentrationsbestrebungen in den USA eher davon geprägt, ganze Fluggesellschaften aufzukaufen. Durch dieses Verhalten sind richtige Mega-Carrier entstanden, die den Markt größtenteils beherrschen. Nach fast 20 Jahren Deregulierung des Luftverkehrs in den USA führen heute die drei großen Fluggesellschaften American-, United- und Delta-Airlines etwa 60% des Luftverkehrs in den Vereinigten Staaten durch.

Code-Sharing-Flüge

Die Aufnahme von sogenannten Code-Sharing-Flügen stellt oft einen wichtigen Punkt in den Kooperationsbemühungen zwischen Fluggesellschaften dar.

Dabei geht es darum, ein bestimmtes Sitzplatzkontingent in einem gemeinsam eingesetzten Flugzeug nach einem bestimmten Schlüssel zwischen den beteiligten Fluggesellschaften aufzuteilen. Jede Fluggesellschaft ist zwar nach wie vor für die Vermarktung ihres Kontingents (unter der eigenen Flugnummer) selber verantwortlich, kann aber bei entsprechender Nachfrage auch auf das Platzkontingent des Partners zugreifen.

In den Flugplänen der Fluglinien werden die Flugnummern für einen Flug dann gemeinsam aufgeführt. Für den Passagier kann dies allerdings bedeuten, daß er nicht immer weiß, mit welcher Linie er fliegen wird.

Neben einem generellen Kostenvorteil kann so einerseits die Auslastung der Flugzeuge gesteigert und andererseits eventuell ein Flugzeug eingespart werden. Dies führt auf der wirtschaftlichen Seite zu einer Verringerung der Kapitalbindung und unter ökologischen Gesichtspunkten zu einer Reduzierung des Schadstoffausstoßes. Somit profitieren Wirtschaft und Umwelt davon in gleichem Maße.

Abgesehen von Code-Sharing-Flügen und den damit verbundenen meist reinen Kostenvorteilen ist bei einer Kooperationen zwischen Fluggesellschaften vorrangiges Ziel, gemeinsam ein möglichst weltweites Netz an Flugverbindungen anzubieten und dieses langfristig auszubauen. Die Konzentrationsbemühungen zeigen sich daher zunächst meistens in der Aufnahme von Code-Sharing-Flügen.

Konkret bedeutet dies, daß es beispielsweise einer europäischen Fluggesellschaft kaum möglich sein wird, ein südamerikanisches Land mit Flugverbindungen großflächig zu erschließen, wenn nicht ein Kooperationsabkommen mit einer dort beheimateten Fluggesellschaft eingegangen wird. Erschwert werden solche Kooperationen durch politische Restriktionen oder bestehende bilaterale Abkommen zwischen den Ländern.

Am Beispiel von Kooperationen in der Luftfahrt sieht man, welch hohen Stellenwert die tatsächliche Kosteneinsparung einnimmt. Die Verwirklichung von ökologischen Fortschritten ist daher meistens abhängig von einer Kostenreduzierung. Erst durch den Kostendruck und Nachfrageanpassungen wird der Weg frei für Neuentwicklungen im Flugzeug- und Triebwerkbau. Tritt eine Fluggesellschaft dabei als Erstbesteller (Launching Customer) auf, wird ihr oftmals ein Mitspracherecht bei der Feinkonzeption des Flugzeuges oder der Triebwerke eingeräumt. So kann eine Fluggesellschaft ein in vielfacher Hinsicht auf ihre Bedürfnisse abgestimmtes Fluggerät erhalten. Einige Lufthansa-Techniker sind so beispielsweise ständig bei Boeing in Seattle beschäftigt und wirken bei der Entwicklung und Umsetzung zahlreicher Komponenten mit.

Abschließend läßt sich festhalten, daß der Einsatz von neuen Flugzeugen und Triebwerken, die ja teurer sind als die bisher eingesetzten, nur deshalb erfolgen kann, weil die erheblich niedrigeren Betriebskosten zu einer schnelleren Amortisation der Anschaffungskosten führen.

Verkehrspolitik

Die Verkehrspolitik steht derzeit vor der großen Herausforderung, wie die stark anschwellenden Verkehrsströme auch künftig bewältigt werden können. Gleichzeitig muß es darum gehen, den Schadstoffausstoß, insbesondere von CO_2, nachhaltig zu senken. Verkehrspolitisch betrachtet gilt es also, die erforderlichen Rahmenbedingungen zu schaffen, um den genannten Zielen näherzukommen.

Wegen der internationalen Verflechtungen im Verkehrswesen wird es allerdings nur möglich sein, regional begrenzte Verkehrspolitik in den einzelnen Ländern selbständig durchzuführen. Verkehrswege von übergeordneter Bedeutung müssen dagegen unbedingt innerhalb der Europäischen Union beraten werden, um eine länderübergreifende Verkehrspolitik sinnvoll zu gestalten.

Europäische Verkehrspolitik

Ziel einer europäischen Verkehrspolitik muß es daher sein, langfristig ein Verkehrswegenetz aufzubauen, das einerseits einen reibungslosen Transport von Menschen und Gütern ermöglicht, andererseits aber auch die einzelnen Verkehrsträger untereinander verknüpft. Wie wichtig dies ist, zeigt sich alleine schon daran, daß Europa immer mehr zu einem bedeutenden Verkehrsknotenpunkt wird. Daraus ergibt sich die Notwendigkeit, die europäischen Verkehrsströme auf sinnvolle Art und Weise zu lenken und auf jene Verkehrsträger zu verlagern, deren Kapazität noch nicht voll ausgeschöpft ist.

Wenn die genannten Ziele jedoch erreicht werden sollen, muß beim Mobilitätsverhalten der Menschen an-

Tabelle 1. Stärken und Schwächen von Verkehrsträgern im Vergleich.

Verkehrsträger	Stärken	Schwächen
Straßenverkehr	- Sehr flexibel einsetzbar - Für Mittelstrecken bis ca. 150 km besonders geeignet - Dichtes Straßennetz - Kurzfristig erreichbar	- Unwirtschaftlich im Stadtverkehr und auf sehr langen Strecken - Hoher Energieeinsatz und Schadstoffbelastung
Eisenbahn	- Komfortabel und umweltfreundlich im Mittelstreckenbereich bis 800 km durch Hochgeschwindigkeitszüge - Sehr wirtschaftlich bei Gütertransporten	- Teilweise veraltetes Streckennetz - Vorhandene Infrastruktur ist vielfach nicht ausreichend
Flugverkehr	- Wirtschaftlich, schnell und komfortabel auf langen Strecken - Kann auch abgelegene Regionen kurzfristig miteinander verbinden	- Sehr unwirtschaftlich im Kurzstreckenbereich - Verbesserungsbedürftiges Flugsicherungssystem - Verkehrsrestriktionen wegen mangelnder Flughafenkapazität
Binnenschiffahrt	- Besonders geeignet für den Transport von Massengütern	- Warenumschlag dauert relativ lange - Sehr begrenztes und kaum ausbaufähiges Wassernetz
Seeschiffahrt	- Besonders geeignet für den Transport von Massengütern über sehr lange Strecken	- Güterumschlag dauert lange - Hoher Dokumentenaufwand - Großer Zeitaufwand

gesetzt werden, wobei insbesondere die Einstellung zum Auto neu überdacht werden sollte (s. S. 3).

Jeder Verkehrsträger weist ganz spezifische Stärken und Schwächen auf. Neben vielfältigen Einflußfaktoren spielt dabei die zurückzulegende Entfernung und der damit verbundene Zeitaufwand eine entscheidende Rolle. Tabelle 1 vermittelt einen groben Überblick über wichtige Stärken und Schwächen der einzelnen Verkehrsträger.

Die unterschiedlichen Stärken und Schwächen von Verkehrsträgern gilt es nun, aufeinander abzustimmen und so ein ganzheitliches Verkehrskonzept zu entwickeln. Was den Flugverkehr betrifft, sollte man sich dessen besondere Stärke auf langen Strecken und bei Interkontinentalverbindungen zunutze machen, gleichzeitig aber auf Kurzstreckenflüge weitgehend verzichten. Auf diesem Gebiet weist dagegen die Bahn eindeutige Vorzüge auf. Den Straßenverkehr sowie die Schiffahrt könnte man auf ähnlicher Weise in einen Verkehrsverbund integrieren. Es kann also nicht darum gehen, einen bestimmten Verkehrsträger wegen seiner Schwächen auf einem bestimmten Gebiet zu boykottieren oder gar zu verbieten. Vielmehr müssen im Rahmen der Verkehrspolitik Maßnahmen gefunden werden, die eine umweltgerechte Lenkung der Verkehrsströme ermöglicht.

Maßnahmen sind hauptsächlich in den folgenden Bereichen möglich:

Investitionspolitik: Auf diesem Gebiet kann es darum gehen, einzelne Wirtschaftszweige zu fördern oder aber Subventionen abzubauen, um einen Verlagerungsprozeß zu unterstützen. Eine zusätzliche Möglichkeit besteht darin, durch fiskalpolitische Anregungen, wie z.B. Sonderabschreibungen, weitere Anreize für eine Investitionsbereitschaft in dem gewünschten Verkehrssektor zu schaffen.

Insbesondere in bezug auf eine Vernetzung von Verkehrsträgern wird derzeit auch die Entwicklung moderner Verkehrsinformations- und Kommunikationssysteme verstärkt gefördert, um eine bessere Gestaltung des Gesamtverkehrs zu erreichen.
Mit der Förderung von Hochtechnologieprodukten sind jedoch gewisse Strukturveränderungen verbunden, die zu Lasten anderer Wirtschaftsbereiche gehen können, aber für die langfristige Sicherung von europäischen Standorten fast unumgänglich sind.

Ordnungspolitik: Im Verkehrsbereich dient die Ordnungspolitik überwiegend dazu, Konzepte für ein europaweites Netz an Verkehrsverbindungen aufzustellen. Die Verkehrswegeplanung stellt also hier den zentralen Punkt dar. Dabei sollen die bereits vorhandenen nationalen Netze miteinander verbunden werden, indem bisher fehlende Verbindungsstücke und Engpässe an den Knotenpunkten beseitigt werden.

Weiterhin ist es wichtig, geeignete Verbindungen auch zu den Randgebieten Europas, wie z.B. Skandinavien oder Ost- und Südeuropa herzustellen und räumliche Optionen für die Zukunft offenzuhalten.

Da eine Innovationsbereitschaft in den meisten Fällen mit der herrschenden Wettbewerbssituation zu tun hat, ist die Schaffung von Wettbewerb eine wichtige Voraussetzung für Innovationen und weitere Möglichkeit, ordnungspolitisch aktiv zu werden. In diesen Bereich fällt insbesondere die Privatisierung bisher staatlicher Verkehrsträger, wie der Bahn oder des Flugverkehrs.

Luftverkehrspolitik in Deutschland

Eingebettet in das Gesamtsystem der europäischen Verkehrspolitik sind nationale Konzepte und Programme dazu gedacht, inländische Wirtschaftszweige voranzubringen und deren Effizienz langfristig zu sichern.

Vor dem Hintergrund der wirtschaftlichen Bedeutung des Luftverkehrs hat man in Deutschland das Luftfahrtkonzept 2000 aufgestellt und darin luftverkehrspolitische Ziele festgelegt. Im einzelnen lassen sich die wesentliche Ziele wie folgt darstellen:

Stärkung der Wettbewerbsfähigkeit

Eine wesentliche Voraussetzung zur Stärkung der Wettbewerbsfähigkeit ist die weitere Reduzierung von Verkehrsbeschränkungen, wie zum Beispiel Marktzugangs-Restriktionen für deutsche Fluglinien in den USA. Darüber hinaus sind als weitere Grundlagen für einen fairen Wettbewerb zu nennen:

- Freie Preisbildung
- Harmonisierung von gesetzlichen Bestimmungen
- Einheitliches Verfahren bei der Zuweisung von Start- und Landezeiten (Slots); dies wurde in der EU bereits vereinheitlicht

Verbesserung der Leistungsfähigkeit des Luftverkehrs

Um den Luftverkehrsstandort Deutschland langfristig zu sichern, ist es erforderlich, die Leistungsfähigkeit des Luftverkehrs kontinuierlich zu verbessern. Allerdings sind die internationalen Verflechtungen so bedeutsam, daß der wesentliche Ansatzpunkt für eine effektive Leistungssteigerung trotz nationalem Interesse in der internationalen Zusammenarbeit liegt. Daraus ergibt sich eine entscheidende Schnittstelle zur Einbindung des Luftverkehrs in ein Gesamtverkehrssystem.

Die Leistungsverbesserungen beim Luftverkehr können ganz grob in die Bereiche technische Verbesserungen und Kapazitätsanpassungen auf Flughäfen eingeteilt werden.

Was die technischen Möglichkeiten betrifft, so ist Deutschland über die internationale Zivilluftfahrt-Organisation ICAO, die den Vereinten Nationen angegliedert ist, an Programmen beteiligt, die die Effizienz des Luftverkehrs in weltweitem Maßstab steigern sollen. Dazu gehören insbesondere die Einführung satellitengestützter Flugsicherungssysteme sowie neuer Landesysteme. Abstimmungsmaßnahmen in den Bereichen Flugsicherung, Flugwetterdienst und Flugplanung runden die Möglichkeiten auf diesem Gebiet ab. Aufgrund einer Leistungssteigerung durch technische Verbesserungen kann auch die Umwelt profitieren, da die Flugzeuge effektiver eingesetzt werden können.

Im Gegensatz zu den Möglichkeiten auf der technischen Seite sind die Bemühungen um Kapazitätsanpassungen auf Flughäfen eher auf nationaler Ebene angesiedelt. So sind für die nächsten Jahre auf einigen deutschen Flughäfen umfangreiche Baumaßnahmen geplant, um dem weiter steigenden Passagieraufkommen gerecht zu werden. Dabei ist insbesondere die räumliche Erweiterung von Flughäfen oder deren Neubau mit sehr zeitaufwendigen Raumordnungs- und Planfeststellungsverfahren verbunden. Das im Dezember 1993 in Kraft getretene Gesetz zur Vereinfachung der Planungsverfahren bei Verkehrswegen (Planungsvereinfachungsgesetz) soll auch im Luftverkehr dazu beitragen, die extrem langwierigen Planungsverfahren abzukürzen.

Am Beispiel von Berlin wird besonders deutlich, was beim Aus- oder Neubau eines Flughafens alles zu berücksichtigen ist. Das Für und Wider der einzelnen Argumente muß dabei auch mit den Belangen der Umwelt in Einklang gebracht werden.

Im Rahmen der notwendigen Ausbaumaßnahmen steht derzeit die Diskussion um einen Großflughafen in Berlin eindeutig im Vordergrund. Die vorhandenen Flughäfen Tempelhof, Tegel und Schönefeld werden mittelfristig kaum mehr in der Lage sein, das Verkehrsaufkommen der Bundeshauptstadt zu bewältigen.

Während die Flughäfen Tegel und Tempelhof praktisch direkt in der Stadt liegen, und ein dortiger Ausbau sehr beschränkt, oder überhaupt nicht möglich sein wird, gibt es in Schönefeld einen hohen Sanierungsbedarf.

Die Flughafenpläne für einen Berliner Großflughafen konzentrieren sich darauf, entweder den in Stadtnähe gelegenen Schönefelder Flughafen zusätzlich zu den sowieso geplanten Baumaßnahmen großzügig auszubauen, oder aber, im 40 km entfernten Sperenberg auf dem Gebiet eines ehemaligen Militärflughafens ganz neu zu bauen.

Neben der Standortfrage – die Bundesregierung und Berlin favorisieren Schönefeld, das Land Brandenburg dagegen Sperenberg – ist außerdem noch unklar, wer die auf 14 bis 15 Milliarden DM geschätzten Baukosten zahlen soll. Nach derzeitigen Planungen stehen staatliche Mittel in Höhe von etwa 400 Millionen DM nur für eine bessere Verkehrsanbindung des Schönefelder Flughafens zur Verfügung, den überwiegenden Teil der Baukosten müßten private Investoren finanzieren. Tabelle 2 gibt Aufschluß über die jeweils wichtigsten Vor- und Nachteile der möglichen Standorte für den Großflughafen.

Um die Wettbewerbsfähigkeit des Luftverkehrs in Deutschland zu erhalten kommt der Verbesserung der Leistungsfähigkeit wie dargestellt eine besondere Bedeu-

Tabelle 2. Vor- und Nachteile der möglichen Standorte für einen Berliner Großflughafen.

Standort	Vorteile	Nachteile
Schönefeld	- Stadtnahe Lage - Gute Verkehrsanbindung - Infrastruktur im Umfeld teilweise schon vorhanden	- 24-Stunden-Betrieb schwer durchsetzbar - Umsiedelung von ca. 1000 Menschen erforderlich - Dichte Besiedelung im Umfeld
Sperenberg	- 24-Stunden-Betrieb möglich - Möglicher Aufschwung für eine strukturschwache Region	- Hohe Kosten für die Verkehrsanbindung - 20 Millionen Bäume müßten schätzungsweise gefällt werden

tung zu. Viele Maßnahmen im technischen Bereich können nur auf internationaler Ebene einheitlich entwickelt und umgesetzt werden, da sonst keine Verbesserung zu erzielen wäre. Neben den Kapazitätsanpassungen auf Flughäfen gilt es daher, die erzielten Verbesserungen möglichst effektiv in die Praxis zu übertragen und zu nutzen.

Privatisierung

Im Einklang mit Privatisierungsvorhaben im Bereich von Verkehrsträgern (s. S 23) wird die von der Bundesregierung beschlossene Verringerung von Bundesbeteiligungen auch im Luftverkehrsbereich durchgeführt. Der in der Luftfahrt außerordentlich hohe Investitionsbedarf soll künftig ganz durch privates Kapital abgedeckt werden, um so auch die öffentlichen Haushalte zu entlasten.

Da bisher der Luftverkehr, ebenso wie bis vor wenigen Jahren die Bahn, überwiegend als ein hoheitliches Transportmittel im Sinne eines Allgemeinguts betrachtet wurde, waren sowohl die deutschen Verkehrsflughäfen als auch die Lufthansa im Mehrheitsbesitz von Bund oder Ländern. Inzwischen hat sich aber gezeigt, daß ein privatwirtschaftlich organisiertes Unternehmen viel effektiver arbeiten und auf Veränderungen im Umfeld entsprechend schneller reagieren kann, als dies bei einem staatlichen Betrieb möglich wäre. Aus diesem Grund werden die staatlichen Kapitalbeteiligungen bei Verkehrsflughäfen und der Lufthansa künftig schrittweise abgebaut.

Förderung des Umweltschutzes

In der deutschen Luftverkehrspolitik gewinnt die Förderung des Umweltschutzes immer mehr an Bedeutung. So ist es heute beispielsweise nicht mehr möglich, ein Flughafenprojekt zu verwirklichen, ohne zuvor ein umfangreiches Umwelt-Verträglichkeits-Gutachten erstellt zu haben. Das Ziel, die Umwelt zu schützen, fließt zunehmend in alle wesentlichen Entscheidungen im Luftfahrtbereich mit ein. Dabei geht es nicht nur um den Aspekt der reinen Schadstoffreduzierung, sondern es wird vermehrt darüber nachgedacht, wie man auch die nachrangigen Belastungen des Flugverkehrs reduzieren kann. Beispiele für Ansatzpunkte hierfür gibt es genug, man denke dabei nur an die Wiederverwertbarkeit von Bordgeschirr oder an eine oft erhöhte Bodenbelastung mit Schwermetallen im Flughafenbereich.

Die Vereinbarkeit und Verträglichkeit eines erhöhten Mobilitätsbedarfs mit Belangen des Umweltschutzes runden das Luftfahrtkonzept 2000 ab.

Verkehrsverbundsysteme

Bei der Entwicklung von Verkehrsverbundsystemen geht es zunächst darum, die einzelnen Verkehrsträger in ein ganzheitliches Verkehrskonzept einzubinden. Es hat sich nämlich gezeigt, daß in Fragen der Mobilität mit den vielfältigen Verknüpfungen und Abhängigkeiten die Verkehrsträger nicht länger isoliert betrachtet werden dürfen. Ein schneller und sinnvoller Austausch von Personen und Gütern zwischen den verschiedenen Verkehrsträgern wird deshalb künftig sehr stark an Bedeutung gewinnen. Die Vorteile eines solchen Verbunds liegen klar auf der Hand.

- Teilweiser Verzicht auf das im Verhältnis zu anderen Verkehrsträgern besonders umweltschädliche Auto
- Sicherung der Mobilität trotz Reduzierung des Individualverkehrs
- Abnehmende Konkurrenz zwischen den Verkehrsträgern und gezielte Förderung der eigenen Stärken
- Kostenvorteile bei den Verkehrsträgern, da die Verkehrsleistungen quasi unter optimalen Rahmenbedingungen angeboten werden können.

Neben der Einbindung des Individualverkehrs (hauptsächlich Straßenverkehr) liegt der Schwerpunkt bei einem ganzheitlichen Verkehrskonzept vorwiegend darin, die Verkehrsträger Flugzeug und Eisenbahn besser miteinander zu verknüpfen und auch auf kleineren Flughäfen einen Bahnanschluß einzurichten. Bei Verkehrsverbundsystemen, die die Bereiche Straße, Schiene, Luft und Wasser abdecken, spielt der Luftverkehr ebenfalls eine wichtige Rolle. Hier stellt der Luftverkehr sozusagen die wesentliche Verbindung zu anderen regionalen Verkehrsverbundsystemen auf der Erde dar.

Verkehrsverbund Straße-Schiene-Luft-Wasser

Wie bereits angedeutet, geht es bei Konzepten für einen Verbund der unterschiedlichen Verkehrsträger darum, die jeweiligen Stärken gezielt zu unterstützen und zu nutzen und die Schwächen möglichst auszuschalten, indem man dann einen anderen Verkehrsträger einsetzt. Darüber hinaus sollen umweltfreundliche Verkehrsträger stärker in das wachsende Aufkommen eingebunden werden. Dieses Vorgehen ist erforderlich, da es ein ideales Verkehrsmittel für alle Streckenbereiche nicht gibt.
Ein sinnvoller Verkehrsverbund kann aber nur dann erfolgreich sein, wenn der schnelle und sichere Wechsel von einem Verkehrsträger auf den anderen ohne nennenswerte Probleme möglich ist. Es ist daher von besonderer Bedeutung, daß die dazu notwendigen infrastrukturellen Einrichtungen, sowohl beim Güter- als auch beim Personenverkehr geschaffen werden.

Eine praktische Umsetzung könnte sich wie folgt darstellen.
Straße: Besonders in Ballungsgebieten wird deutlich, daß ein großzügiger Ausbau des Straßennetzes aus Platzgründen nicht mehr möglich ist, um das steigende Verkehrsaufkommen zu bewältigen. Außerdem gilt der Straßenverkehr unter Umweltgesichtspunkten als einer der Hauptverursacher von Schadstoffemissionen.

Weitere Neubaumaßnahmen beim Verkehrsträger Straße sollen sich daher möglichst auf Regionen beschränken, die wegen des geringen Aufkommens von anderen Trägern, wie z.B. der Bahn, nicht wirtschaftlich bedient werden können. Ergänzend dazu kann man das bestehende Straßennetz dort ausbauen, wo es die Verkehrssicherheit erfordert. Generell soll jedoch insbesondere in Ballungszentren der öffentliche Nahverkehr gefördert werden, um damit Verkehrsströme auf die Bahn umzuleiten.

Unterstützt wird diese Entwicklung auch dadurch, daß der Bundesverkehrswegeplan von 1992 erstmals höhere Investitionen für den Schienenaus- und neubau vorsieht, als für den Neubau von Straßen.

Neue Ansätze zielen darauf ab, den von individuellen Erfordernissen geprägten Straßenverkehr wo immer es geht zu vermeiden. Schlagworte wie Verkehrsvermeidung anstatt Verkehrslenkung sind immer häufiger zu hören. Die Frage der Mobilität stellt sich in diesem Bereich also ganz konkret. Verkehrsexperten sind deshalb heute der Meinung, daß eine Beeinflussung des mobilen Verhaltens eng mit der grundsätzlichen Einstellung des Menschen zum Auto verknüpft sein muß.

Neben dem Individualverkehr ist auch der Güterverkehr von einer Verlagerung von der Straße auf die Schiene betroffen. Um das Straßennetz zu entlasten, wird versucht, insbesondere den Schwerlastverkehr mehr und mehr auf die Schiene oder die Binnenschiffahrt umzulenken. In einem integrierten Verkehrssystem bieten sich für eine Zusammenarbeit zwischen diesen Verkehrsträgern besonders gute Möglichkeiten und Chancen.

Durch die Einrichtung sogenannter Güterverkehrszentren wird es möglich, bestimmte Warenströme zu bündeln, um so eine attraktive Verschickung mit der Bahn zu fördern.

Schiene: Über die Einrichtung von Güterverkehrszentren hinaus muß eine Infrastruktur aufgebaut werden, die den problemlosen Wechsel von der Straße auf die Schiene ermöglicht. Verladeterminals sind hier besonders wichtig, um die Lkws oder deren Auflieger direkt auf Eisenbahnwagons zu heben. Es sollen sich auf dem Transportweg, auch bei einem mehrfachen Wechsel des Verkehrsträgers, möglichst keine zeit- und somit kostenintensive Verzögerungen ergeben.

Die als sehr umweltfreundlich eingestufte Bahn soll künftig sowohl in Ballungsgebieten als auch in ökologisch sensiblen Gebieten, wie dem Schwarzwald oder den Alpen, vermehrt Transportaufgaben übernehmen. Um dies zu ermöglichen, wird besonders im Personenverkehr die Einrichtung von Hochgeschwindigkeitsstrassen immer wichtiger. Eine dadurch erzielbare schnelle Verbindung von Städten kann dazu beitragen, die Attraktivität der Bahn zu vergrößern. Dadurch bietet sich eine echte Alternative zum Kurzstrecken-Flugverkehr.

Luft: Für die Anreise zu einem Flughafen bietet das Auto zumeist keine echte Alternative. Die Entfernung ist oft so groß, daß unter Umweltgesichtspunkten das Auto nicht sinnvoll eingesetzt werden kann.

Beim Luftverkehr bietet sich hauptsächlich ein Verbund mit der Bahn an. Allerdings sind hier feinere Abstimmungsregelungen nötig, da die Kurzstrecken beim Flugverkehr dem Langstreckenbereich der Bahn entsprechen. Trotzdem gilt es, auf diesem Gebiet weitere Kooperationen voranzubringen, damit sich der Flugverkehr besser auf seine Hauptaufgabe, den internationalen Mittel- und Langstreckenverkehr, konzentrieren kann. Selbst einige Fluggesellschaften unterstützen mittlerweile diese Bemühungen, um zu einer sinnvolle Zusammenarbeit mit der Bahn zu kommen.

Dabei müssen Fakten geschaffen werden, die beiden Partnern wirtschaftliche Vorteile versprechen. Dazu könnte auch ein gemeinsames Servicekonzept, beispielsweise bei der Gepäckbeförderung, gehören. Auf einigen deutschen Flughäfen ist es bereits möglich, das Gepäck auf dem Bahnhof aufzugeben und dort auch die Bordkarte für den Flug zu erhalten. Eine konsequente Weiterentwicklung dieses Systems könnte wesentlich dazu beitragen, daß die Bahnfahrt zum Flughafen bereits ein Teil der Flugreise wird.

Sogenannte Rail & Fly-Angebote, also verbilligte Bahntickets zur Anfahrt an den Flughafen, können zusätzlich noch Anreize schaffen. Einige internationale Fluglinien bieten sogar kostenlose Bahnfahrten vom Wohnort zum Abflugort an. Es ist daher sehr wichtig, solche Angebote vermehrt publik zu machen und auch in Broschüren sowie in Flug- und Fahrplänen des jeweils anderen Verkehrsträgers dafür zu werben.

Um den Reisenden einen schnellen Wechsel von der Bahn ins Flugzeug und umgekehrt zu ermöglichen, ist es erforderlich, daß die Flughäfen an das Eisenbahnnetz angebunden werden. Während es bei Flughäfen mit relativ geringem Fluggastaufkommen ausreichend sein kann, beispielsweise eine S-Bahn-Linie für die örtliche Anbindung einzurichten, sind für international bedeutende Flughäfen Anschlüsse ans überregionale Bahnnetz unbedingt erforderlich.

Die Schweiz, sowieso bekannt für ihr leistungsfähiges Eisenbahnnetz, ist, was die Verknüpfung der Verkehrsträger Flugzeug und Bahn betrifft, ziemlich weit fortgeschritten. So lassen sich beispielsweise vom Zürcher Flughafen aus fast alle Städte der Schweiz in relativ kurzer Zeit mit der Bahn erreichen.

> Wie eine verkehrsträgerübergreifende Konzeption aussehen kann, wird am Beispiel von Frankreich besonders deutlich. Hier wurde auf dem Pariser Airport Charles de Gaulle ein Bahnhof für die Hochgeschwindigkeitszüge TGV gebaut und der Flughafen somit voll ins französische Hochgeschwindigkeitsnetz integriert. Sogar die direkte Verbindung durch den Kanaltunnel nach London bietet nun eine echte

Alternative zum Flugverkehr auf dieser Strecke. Außerdem vergrößert eine gute Anbindung an ein Schnellbahnnetz das Einzugsgebiet eines Flughafens erheblich, was auch eine gewisse Entlastung des Straßennetzes zur Folge hat.

In Deutschland gibt es auf diesem Gebiet noch einen erheblichen Nachholbedarf. So verfügt bisher lediglich der Flughafen Frankfurt über einen direkten Intercity-Anschluß und eine Anbindung ans Schnellbahnnetz der Deutschen Bahn AG. Zahlreiche Flughäfen besitzen darüber hinaus noch nicht einmal eine S-Bahn-Verbindung für den örtlichen Zubringerverkehr. Abhilfe ist in den nächsten Jahren allerdings in Sicht und so werden bis zum Jahre 2005 alle größeren deutschen Verkehrsflughäfen zumindest über einen Anschluß an das regionale S-Bahn-Netz verfügen.

Unter Einbeziehung sämtlicher Kooperationsmöglichkeiten zwischen Flugzeug und Bahn, sowie der Verwirklichung des Hochgeschwindigkeitsnetzes der Bahn, können nach derzeitiger Schätzung jährlich bis zu 50000 innerdeutsche Flüge eingespart werden.

Abschließend betrachtet geht es beim Verkehrsverbund Flugzeug-Bahn also um mehr, als nur um die Verlagerung von (innerdeutschen) Kurzstreckenflügen auf die Schiene. Neben den genannten Möglichkeiten werden derzeit noch zahlreiche weitere Konzepte diskutiert, die bis hin zu abgestimmten Tarifkonzepten und kombinierten Bahn-Flugtickets reichen.

Wasser: Die Binnengewässer bieten mit ihren Wasserstraßen die umweltschonendste Art für Transporte. Derzeit umfaßt das bundesdeutsche Wasserstraßennetz rund 7000 km, wobei gut drei Viertel aus natürlichen Wasserläufen besteht. Trotz der sehr geringen Ausbaumöglichkeiten sind heute rund 75% aller Großstädte in Deutschland an dieses Netz angeschlossen.

Abgesehen von drastischen Eingriffen in die Natur, wie zum Beispiel beim Bau des Rhein-Main-Donau-Kanals, und einer möglichen Wasserverschmutzung durch Schiffe, fühlt sich durch die Binnenschiffahrt auf natürlichen Gewässern kaum jemand gestört.

Der Vorteil der Binnenschiffahrt liegt in der Beförderung großer und schwerer Gütermengen bei einem verhältnismäßig geringen Energieaufwand. Trotzdem wird der Gütertransport mit Schiffen nicht in vollem Umfang genutzt, und so weist dieser Verkehrsträger noch erhebliche Kapazitätsreserven auf. Aus diesem Grund wird es notwendig sein, entsprechende Hafenanlagen zu errichten oder auszubauen, um den Güterumschlag auf die Schiene oder Straße zu erleichtern.

Wahl eines Verkehrsträgers

Welches Verkehrsmittel für eine bestimmte Reise bevorzugt wird, hängt wesentlich von dessen Attraktivität ab. Dabei gibt es sowohl Präferenzen, die objektiv meßbar sind, als auch solche, die sehr stark der subjektiven Bewertung unterliegen. Hinzu kommt, daß die Verkehrsmittelwahl vielfach von der Zweckbestimmung einer Reise abhängig ist. Für Geschäftsreisende wird so beispielsweise die Reisedauer von entscheidender Bedeutung sein, während es dem Urlauber eher auf eine kostengünstige Reisemöglichkeit ankommt.

Gesamtreisezeit: Um die Reisezeit von verschiedenen Verkehrsträgern miteinander vergleichen zu können, müssen neben der reinen Fahr- bzw. Flugzeit auch gewisse Vor- und Nachlaufzeiten berücksichtigt werden. Beim Flugzeug sind daher noch Zeiten für das Einchecken, das an Bord gehen sowie für die Gepäckausgabe am Zielort mit einzubeziehen, was den reinen Zeitvorteil bei Kurzstreckenflügen etwas relativiert.

Die Lage des Wohnorts und die Entfernung zum jeweiligen Verkehrsträger (Bahn oder Flugzeug) ist ganz individuell, und so können sich schon daraus bestimmte Präferenzen ergeben, die vielleicht unabhängig von den aufsummierten Gesamtreisezeiten eine Wahl beeinflussen.

Reisekosten: In Abhängigkeit von den jeweiligen Nutzergruppen sind zum Teil große Unterschiede im Preisgefüge der Verkehrsträger zu erkennen. Zielt der Basistarif meistens darauf ab, Geschäftsreisende anzusprechen, so sind viele Sondertarife hauptsächlich auf Touristen zugeschnitten.

Beim Flugverkehr bieten die sogenannten Vollzahlertarife für Geschäftsreisende noch genügend Möglichkeiten, kurzfristig zu buchen, einen Flug zu stornieren oder selbst den Rückflug kurzerhand zu verlegen. Den flexiblen Tarifen liegt deshalb ein höherer Preis zugrunde. Sondertarife sind dagegen an Beschränkungen gebunden. So kann es zum Beispiel sein, daß genau festgelegte Vorausbuchungsfristen zu beachten sind. Umbuchungen sind, wenn sie überhaupt möglich sind, mit erheblichen Kosten verbunden, oder Rückflugcoupons verlieren ihren Erstattungswert nach Ablauf einer bestimmten Frist.

Welche Benutzergruppe welche Preise akzeptiert ist außerdem davon abhängig, wie hoch der Kostensatz für das Gut Zeit angesetzt wird. Führt man das Beispiel der Geschäftsreisenden weiter, so kann es sein, daß es für eine Person trotz höherer Flugtarife immer noch günstiger ist, das Flugzeug anstelle der Bahn oder des Pkws zu wählen. Man spricht hier von einem Kostenvorteil der generalisierten Kosten.

Vergleicht man die Kostenbestandteile der einzelnen Verkehrsträger miteinander, so fallen gravierende Unterschiede auf. Als einziger Verkehrsträger bestreitet der Luftverkehr seine Neben- und Wegekosten weitestgehend selbst. Das bedeutet, daß die Kosten für Bodendienste und Abfertigungsleistungen neben den Landegebühren und Entgelte für die Nutzung von Luftstraßen im Ticketpreis enthalten sind. Jeder Fluggast zahlt mit dem Ticket also anteilig die tatsächlich entstehenden Kosten, staatliche Zuschüsse gibt es nicht. Dagegen werden die Kosten für Schiene und Straße überwiegend aus dem Staatshaushalt finanziert.

Flexibilität: Wie flexibel ein Verkehrsträger benutzt werden kann, zeigt sich auch in der Anzahl der täglichen Verbindungen sowie deren zeitliche Lage. Hier zeigt sich ebenfalls eine Auftrennung zwischen Geschäfts- und Privatreisen. Tagesrandverbindungen werden bei Geschäftsreisenden eher bevorzugt, um noch den ganzen Tag für Besprechungen etc. zur Verfügung zu haben.

Aus der Sicht des Verkehrsanbieters bedeutet Flexibilität auch, daß das Angebot schnell an Nachfrageänderungen angepaßt werden kann. Hier weist der Flugverkehr gegenüber der Bahn Vorteile auf.

Insbesondere bei innerdeutschen Flügen ist es bis kurz vor dem Abflug meistens noch möglich, die Klassenaufteilung in einem Flugzeug zu ändern oder einen anderen Flugzeugtyp einzusetzen, um der geänderten Nachfragesituation gerecht zu werden.

Über die genannten Einflußfaktoren hinaus gibt es noch zahlreiche weitere Bestimmungsfaktoren, die die Wahl eines Verkehrsträgers beeinflussen können. Als solche sind insbesondere zu nennen:

- Erreichbarkeit
- Verspätungen
- Komfort des Verkehrsmittels
- Sicherheitsaspekte
- Zusätzliche Serviceleistungen

Am Beispiel des Luftverkehrs läßt sich besonders gut darstellen, wie sich die unterschiedlichen Einflußgrößen auf die Wahl des Verkehrsmittels bei der Anreise zum Flughafen auswirken. Fluggastbefragungen haben gezeigt, daß auf allen deutschen Flughäfen die individuelle Anreise mit dem Pkw, Taxi oder Mietwagen deutlich überwiegt. So treffen selbst in Frankfurt, trotz der verhältnismäßig guten Anbindung an das Bahnnetz, nur rund 30% der Passagiere mit der Bahn oder mit Linienbussen ein.

Es wäre also möglich, daß das Verhalten der Passagiere von Faktoren beeinflußt wird, die objektiv nicht meßbar sind. Die derzeitigen Bemühungen von Flughäfen, den öffentlichen Zubringerverkehr zu fördern, sollten daher weiter vorangetrieben werden.

Alternative Verkehrsträger

Unter alternativen Verkehrsträgern ist in diesem Zusammenhang nicht nur die Entwicklung gänzlich neuer System zu verstehen, sondern auch der Einsatz neuer Antriebe und Brennstoffe in konventionellen Verkehrsmitteln mit dem Hauptziel, die Schadstoffemission und andere Umweltbelastungen zu reduzieren.

Sieht man von der Entwicklung von Solarmobilen usw. für den Individualverkehr einmal ab, so gibt es derzeit relativ wenige Projekte für den Einsatz alternativer Verkehrsträger. Dies mag vor allen Dingen daran liegen, daß die bisherigen Forschungsergebnisse noch nicht in einen Großversuch für den Massenverkehr umgesetzt werden können.

Beim Luftverkehr konzentrieren sich die Forschungen zur Zeit auf die Machbarkeit neuer Triebwerkskonzepte sowie auf den Einsatz alternativer Flugkraftstoffe (s. S. 173).

Eine besonders vielversprechende Alternative zu bisherigen Verkehrsträgern hat die Bahn zu bieten.

Mit dem Einsatz der Magnetbahntechnik soll im nächsten Jahrzehnt ein ganz neues Buch in der Geschichte der Bahntechnik aufgeschlagen werden. Unter dem Namen *Transrapid* wird der neue Zug zunächst die Städte Hamburg und Berlin im 10-Minuten-Takt miteinander verbinden. Bei Geschwindigkeiten von über 200 km/h und einer geplanten Fahrzeit von nur 53 Minuten wird der Transrapid anderen Verkehrsmitteln konkurrenzlos überlegen sein. Insbesondere der Flugverkehr könnte auf der Strecke Hamburg-Berlin so fast vollständig ersetzt werden. Darüber hinaus wäre auch eine wesentliche Entlastung des Straßenverkehrs zu erwarten.

> Jetzt stellt sich natürlich die Frage, was denn den Transrapid so besonders umweltfreundlich macht. Zunächst ist hier die Magnetschwebetechnik zu nennen. Der Zug schwebt dabei mittels einer gegensätzlichen Polung über dem Fahrweg, wobei nur der Bereich der Strecke unter Strom steht, auf dem der Zug gerade schwebt. Obwohl aus diesem Grund herkömmliche Gleisanlagen natürlich nicht benutzt werden können, ist der Landschaftsverbrauch erheblich geringer als bei der Eisenbahn. Der Fahrweg für den Transrapid kann dabei sowohl ebenerdig als auch auf Pfeiler eingerichtet werden. Dank der Schwebetechnik gibt es keine Fahrgeräusche. Es entstehen aber wegen des hohen Tempos Druckwellen und Windgeräusche, die jedoch in ihrer Intensität unter denen von herkömmlichen Hochgeschwindigkeitszügen liegen. Um eventuelle Belastungen der

Bevölkerung so weit wie möglich auszuschließen ist geplant, den Fahrweg des Transrapid entlang von Autobahntrassen zu bauen und Wohngebiete weiträumig zu umgehen.

Der Entwicklung und Einführung von neuartigen Verkehrsträgern kommt künftig eine immer größere Bedeutung zu. Bedingt durch den hohen Forschungsaufwand und der damit verbundenen langen Zeitspanne bis zu einer praktischen Umsetzung wird es notwendig sein, bei solchen Projekten vermehrt auf internationaler Ebene zusammenzuarbeiten. Forschungs- und Entwicklungsvorhaben werden dabei zunehmend auch direkt dem Umweltschutz dienen.

2 Wirtschaftliche Bedeutung des Luftverkehrs

Entwicklung des Luftverkehrs

Bedingt durch die internationalen Verflechtungen des Luftverkehrs wird dessen wirtschaftliche Entwicklung von sehr vielen Faktoren bestimmt und beeinflußt. Daraus folgt, daß die Entwicklung des Luftverkehrs nur in einem weltweiten Maßstab zu begreifen ist.

Um die verschiedenen Abhängigkeiten besser zu verstehen, soll zunächst die geschichtliche Entwicklung des Luftverkehrs in den letzten Jahren dargestellt werden.

Mit der Belebung der europäischen Konjunkturlage in den 80er Jahren sowie einer günstigen Entwicklung der Weltwirtschaft nahm auch der Wirtschaftszweig Luftverkehr sehr stark an Bedeutung zu. Kein anderer Verkehrsbereich konnte derart hohe Zuwachsraten aufweisen. Jährliche Steigerungen beim Passagieraufkommen von 10% und mehr waren auf vielen Flughäfen keine Seltenheit (Abb. 3).

Global betrachtet, hat so die Zahl der beförderten Passagiere im Jahr 1987 mit 1040 Millionen erstmals die Milliardengrenze überschritten. Auf Basis dieses Wertes erwarten Verkehrsexperten eine Verdoppelung des Passagieraufkommens bis zum Jahre 2000 auf zwei Milliarden. Die wichtigsten Wachstumsmärkte sind dabei insbeson-

Abb. 3. Blick über das Vorfeld und die Terminals des Frankfurter Flughafens. Trotz der etwas beengten Verhältnisse wird auf dem, nach London-Heathrow, zweitgrößten europäischen Flughafen weiterhin mit einem starken Wachstum insbesondere beim Langstreckenverkehr gerechnet. Im Hintergrund der neue Terminal 2.

dere die Strecken über den Nordatlantik, Europa-Fernost, sowie der Bereich Nordpazifik.

Obwohl die zurückgelegten Passagierkilometer (beförderte Fluggäste je Teilstrecke x Großkreisentfernung) auf der Nordatlantikstrecke die höchste absolute Beförderungsleistung aufweist, wird für den Zeitraum von 1991 bis 2000 lediglich mit einem Wachstum von 48%

gerechnet. Der Verkehr über den Nordpazifik soll sich dagegen im gleichen Zeitraum verdoppeln.

Darüber hinaus werden potentielle Wachstumsmärkte in den Ländern Südamerikas und Asiens außerdem eine Verschiebung der Verkehrsströme bewirken. Insbesondere die heutigen Schwellenländer Mexiko, Brasilien, Argentinien und Indien könnten sich dabei zu neuen Zielgebieten entwickeln.

In Europa erfährt der Luftverkehr derzeit eine zusätzliche Belebung durch stärkere Anbindung an Flughäfen in den neuen Bundesländern und durch die Erschließung des osteuropäischen Marktes. Während die Flughäfen in Paris und Zürich für ihre guten Verbindungen nach Afrika bekannt sind, entwickelt sich insbesondere der Flughafen Wien in den letzten Jahren zunehmend zu einer Drehscheibe für Flüge nach Osteuropa und in den Nahen Osten.

Messen kann man die Bedeutung eines Flughafens unter anderem durch eine Analyse der Zielgebiete abfliegender Passagiere. Daraus lassen sich für einen Flughafen gewisse Aussagen darüber ableiten, welchen internationalen Stellenwert der Airport einnimmt und wie die Verkehrsströme verteilt sind.

> Besonders deutlich wird die Verkehrsentwicklung am Beispiel des Frankfurter Flughafens. Innerhalb eines Zeitraums von nur 10 Jahren (1984 bis 1993) hat sich dort die Anzahl der Passagiere verdoppelt. Derzeit fliegen von Frankfurt aus rund 105 Fluggesellschaften im Liniendienst und 80 Charter-Airlines zu über 230 Zielen in fast 100 Ländern. Sprunghaft zugenommen haben dabei insbesondere die Flugfrequenzen nach Fernost und an die Westküste der USA, was die wirtschaftliche Bedeutung dieser Regionen unterstreicht. Setzt sich der derzeitige Trend fort, werden auf dem Frankfurter Flughafen für das Jahr 1996 ca. 40 Millionen Fluggäste prognostiziert.

Tabelle 3. Entwicklung des Luftverkehrs im deutschsprachigen Raum.

		Flugzeug-bewegungen	Passagiere	Fracht in Tonnen	Post in Tonnen
Deutschland					
Berlin-Tegel	1993	93.213	7.064.640	16.830	18.151
	1994	94.201	7.234.345	17.792	16.941
Düsseldorf	1993	156.625	13.056.204	45.553	7.294
	1994	165.298	13.863.830	49.664	6.709
Frankfurt	1993	352.143	32.550.083	1.178.291	160.174
	1994	357.565	34.472.726	1.279.388	158.537
Hamburg	1993	110.633	7.340.940	36.501	22.946
	1994	115.531	7.604.588	38.266	22.425
München	1993	180.800	12.731.917	65.276	30.083
	1994	188.371	13.251.839	71.807	30.795
Stuttgart	1993	82.797	5.119.085	12.394	18.858
	1994	98.689	5.466.238	14.083	20.152

Tabelle 3. Fortsetzung.

		Flugzeug-bewegungen	Passagiere	Fracht in Tonnen	Post in Tonnen
Österreich:					
Wien	1993	117.264	7.172.448	71.117	6.550
	1994	127.401	7.729.844	82.612	6.167
Schweiz:					
Genf	1993	145.240	5.822.258	57.182	8.135
	1994	149.811	6.048.760	66.339	8.597
Zürich	1993	197.064	13.574.085	291.623	16.307
	1994	204.000	14.573.334	319.968	17.408

Tabelle 3 stellt die einzelnen Verkehrsdaten von größeren Flughäfen im deutschsprachigen Raum dar. Die Flugzeugbewegungen und die Anzahl der Passagiere beziehen sich dabei nur auf den gewerblichen Verkehr (Linie und Charter). Bei der Fracht und Post handelt es sich um Tonnagen, die tatsächlich geflogen wurden (ohne Bodenersatz-Verkehr).

Einige wichtige Faktoren sollen nun die Zusammenhänge zwischen weltweiten Entwicklungen einerseits und den Folgen daraus für den Luftverkehr andererseits verdeutlichen.

Luftverkehr als Wirtschaftsbarometer: Zunächst ist von Interesse, daß die Entwicklung des Luftverkehrs und der Weltwirtschaft deutliche Parallelen aufweist, wie die nachstehende Grafik (Abb. 4) zeigt. Der Luftverkehr ist also ganz erheblich von der jeweiligen Weltwirtschaftslage beeinflußt. Betrachtet man die Grafik jetzt näher, werden die Zusammenhänge sichtbar.

Insbesondere bei den Tiefpunkten der Grafik ist eine ein- bis zweijährige Verzögerung zwischen den zurückgelegten Passagiermeilen und der Entwicklung des Bruttosozialprodukts zu erkennen. Der Grund dieser Tatsache liegt darin, daß bei ersten Anzeichen einer konjunkturellen Besserung die Reisetätigkeit, insbesondere bei Geschäftsreisen, steigt. Die Unternehmen versuchen dann, vermehrt Kontakte zu Geschäftspartnern auf persönlicher Ebene zu pflegen und neue Aufträge zu erhalten.

Dieses Verhalten und damit eine zusammenhängende Verbesserung der wirtschaftlichen Situation der Unternehmen schlägt sich mit einer gewissen Zeitverzögerung im Bruttosozialprodukt nieder. Das heißt, daß dem Luftverkehr eine gewisse Indikatorfunktion bezüglich einer künftigen wirtschaftlichen Entwicklung zukommt. Anders ausgedrückt, leidet der Wirtschaftszweig Luftverkehr als einer der ersten unter einem konjunkturellen

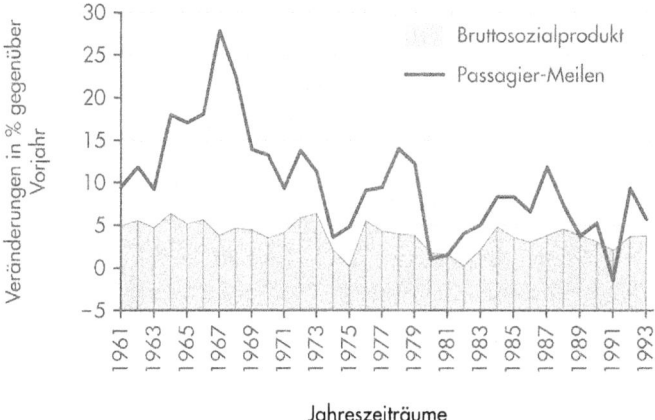

Abb. 4. Entwicklung der Passagier-Meilen und des Welt-Bruttosozialprodukts (Daten ohne Berücksichtigung von China und GUS).

Abschwung, so profitiert er dagegen jedoch früher von einer wirtschaftlichen Aufschwungphase als andere Bereiche der Wirtschaft.

Neben den wirtschaftlichen Einflüssen unterliegt der Luftverkehr auch politischen Veränderungen, die oftmals kaum vorhersehbar sind. Treffen schließlich eine beginnende Wirtschaftsschwäche und negative politische Einflüsse aufeinander, kann dies zu einer dramatischen Situation beim Luftverkehr führen. Eben dies geschah im Jahr 1991, als sich ein konjunktureller Abschwung ankündigte und gleichzeitig der Golfkrieg ausbrach. Die Abbildung 4 zeigt deutlich den extremen Tiefpunkt der Passagiermeilen im Jahr 1991, und es wird klar, wie sehr sich der Golfkrieg auf die Entwicklung des Luftverkehrs ausgewirkt hat. Der Grund dazu liegt hauptsächlich darin, daß aus Angst vor Terroranschlägen zahlreiche Passagiere auf eine Flugreise verzichtet haben.

Linienflug – Verkehrsbereich der Zukunft: Während die Entwicklung der Weltwirtschaft sozusagen den groben Rahmen für den Wirtschaftszweig Luftfahrt vorgibt, versuchen die Fluggesellschaften entsprechend zu reagieren und angemessen zu handeln. Hieraus entwickeln sich in der Luftfahrtbranche wiederum Trends, die ihrerseits neue Regeln und Marktgesetze schaffen.

So ist beispielsweise derzeit zu beobachten, daß Fluggesellschaften verstärkt versuchen, lukrative Charterstrecken in Linienverbindungen umzuwandeln. So wird es möglich, daß die Flüge in internationale Buchungssysteme aufgenommen werden, und die Fluggesellschaften Tickets unter ihrem Namen direkt an den Passagier verkaufen können.

Ein weiterer Vorteil dieser Entwicklung liegt darin, zusätzlich zum Urlaubergepäck Fracht mitzunehmen, was die Auslastung der Frachtkapazität deutlich steigert. Unterstützt wird diese Entwicklung dadurch, daß auch traditionelle Linienfluggesellschaften vermehrt dazu übergehen, die erste Klasse (teilweise auch im Langstreckenverkehr) abzuschaffen und eine neue, aufgewertete Business-Class einzuführen. Dies führt zu einer Kapazitätsausweitung ohne die Notwendigkeit, neues Fluggerät anzuschaffen, ökologisch gesehen ein positiver Aspekt.

Verkehrsabkommen zur Sicherung von Marktanteilen: Verkehrsabkommen zwischen einzelnen Ländern können die Entwicklung des Luftverkehrs ebenfalls beeinflussen. Derzeit sollen zwischenstaatliche Verträge vorwiegend zu einer weiter fortschreitenden Liberalisierung des Weltluftverkehrs beitragen.

Es wird angestrebt, den Luftverkehr in den nächsten 20 Jahren zu einem vollkommen offenen Markt zu entwickeln und jeder Fluggesellschaft, unter Berücksich-

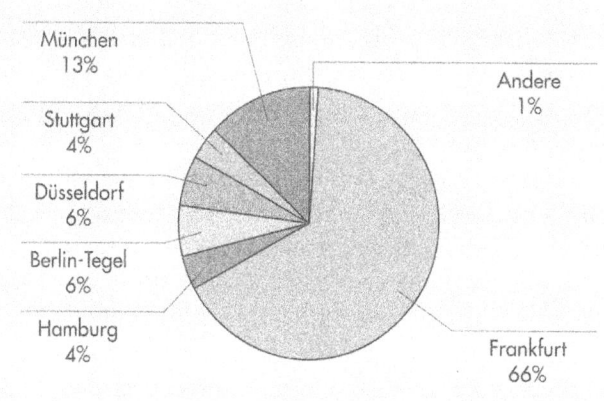

Abb. 5. Anteile der deutschen Flughäfen am USA-Transatlantikverkehr 1993.

tigung der jeweiligen Flughafenkapazität, Verkehrsrechte zwischen beliebigen Orten einzuräumen.

Ein erster Schritt in diese Richtung wurde mit Inkrafttreten des neugestalteten deutsch-amerikanischen Luftverkehrsabkommens zum 1.7.1994 getan. Dadurch möglich gewordene Kooperationsverträge zwischen Fluggesellschaften, wie z.B. zwischen Lufthansa und United Airlines, erfordern zwar ein hohes Maß an Abstimmungsmaßnahmen, bieten jedoch den Partnern einen besseren Einstieg in den anderen Markt. Ziel soll es sein, ein weltumspannendes Streckennetz anzubieten, auf dem die Passagiere ohne die Fluggesellschaft wechseln zu müssen, alle wichtigen Ziele erreichen können.

Wie einseitig die Verkehrsrechte bisher aufgeteilt sind, zeigt sich insbesondere beim Transatlantikverkehr. Im Sommer 1993 teilten sich 18 Fluggesellschaften, darunter vier deutsche und 14 US-Airlines, den Verkehr zwischen Deutschland und den USA. Angeboten wurden 380 wöchentliche Flüge, wobei 350 als Linie und 30 als Charter durchgeführt wurden. Allein die amerikanische Delta Air Lines führte 33% aller Flüge durch. Abbildung 5 zeigt die Aufteilung in Deutschland

Flottenpolitik: Ein weiteres Indiz für die wirtschaftliche Bedeutung und Entwicklung des Luftverkehrs stellt die Flottenpolitik der einzelnen Fluggesellschaften dar. Setzte die Lufthansa 1989 noch 118 Flugzeuge im Kontinentalverkehr und 39 auf interkontinentalen Strekken ein, so sollen bis zum Jahr 2005 etwa doppelt so viele Flugzeuge zur Lufthansa-Flotte gehören. Die Anzahl der Langstreckenflugzeuge wird dabei überproportional steigen, was besonders durch die Einführung der neuen Langstreckenjets Boeing 747-400 und Airbus A340 (Abb. 6) unterstrichen wird.

Abb. 6. Airbus A340-300. Sowohl wirtschaftlich als auch ökologisch setzt der Airbus A340-300 neue Maßstäbe beim Langstreckenverkehr.

Von dieser Entwicklung wird in wesentlichem Umfang auch die Luftfahrtindustrie betroffen sein. So wird erwartet, daß weltweit bis zum Jahr 2013 rund 9000 neue Flugzeuge für den internationalen Verkehr benötigt werden. Diese Prognose verdeutlicht den Trend zu mehr Nonstopverbindungen besonders im Langstreckenverkehr. Nach einer erneuten Reichweitenerhöhung, z.B. beim Airbus A340, wird es mittelfristig auch möglich sein, von Mitteleuropa aus Ziele in Australien ohne Zwischenlandung wirtschaftlich zu bedienen.

Luftverkehrswirtschaft im Umbruch

Die künftige Entwicklung des Luftverkehrs wird auch Einfluß haben auf die Situation der Luftverkehrswirtschaft und hier in ganz besonderem Maße auf die der Flugzeughersteller.

Die Gründe für diesen Einfluß liegen hauptsächlich bei den wirtschaftlichen Schwierigkeiten, mit denen viele Fluggesellschaften trotz einer Verbesserung der Weltwirtschaftslage noch immer zu kämpfen haben. Außerdem wird der Wettbewerb zwischen den Fluggesellschaften in den letzten Jahren immer härter. Deshalb kann man trotz eines weiter steigenden Passagieraufkommens nicht zwangsläufig von einer Ertragssteigerung bei den Fluggesellschaften ausgehen.

Eine solide finanzielle Basis der Fluggesellschaften ist jedoch eine wesentliche Voraussetzung, um weiter zu expandieren und Flugzeuge anzuschaffen. Ausgehend von diesen Überlegungen läßt sich die momentan angespannte Marktsituation in der Luftfahrtindustrie erklären. Die anhaltend schwache Nachfrage nach neuen Flugzeugen wird zusätzlich noch durch Überkapazitäten auf dem Weltmarkt sowie den starken Wechselkursschwankungen des US-Dollars verschärft.

Die schwache Nachfrage nach Neuflugzeugen führt inzwischen zu einem starken Konkurrenzkampf zwischen den Flugzeugherstellern. In besonderem Maße ist davon die Luftfahrtindustrie in Europa und den USA berrührt. Hauptsächlich Airbus und Boeing liefern sich teils erbitterte Preiskämpfe.

Zahlreiche Unstimmigkeiten ruft außerdem das jüngste Handelsabkommen zwischen Europa und den USA hervor. Während die staatliche Unterstützung der europäischen Luftfahrtindustrie durch das Abkommen stark eingeschränkt wird, können die USA ihre Luftfahrtförderung fast uneingeschränkt ausbauen. Anders als in Europa stammt nämlich in den Vereinigten Staaten ein Großteil der Gelder für die Forschung und Entwicklung neuer Flugzeuge aus Quellen des Verteidigungshaushalts und der NASA. Es ist daher eine viel engere Verzahnung zwischen der Luft- und Raumfahrt einerseits und der zivilen und militärischen Luftfahrttechnik andererseits gegeben.

So sind in der Luftfahrtindustrie umfangreiche Maßnahmen erforderlich, um auf die veränderten Rahmenbedingungen angemessen zu reagieren. Jeder Flugzeughersteller versucht daher, auf seine Art und Weise einen Weg aus der Krise zu finden.

Die Daimler-Benz Aerospace Airbus GmbH, deutscher Partner im europäischen Airbus-Konsortium, hat diese Herausforderung als Chance begriffen und versucht dieser Situation mit folgenden Schritten zu begegnen:

- Drastische Kostenreduzierung und damit verbunden eine Personalverringerung
- Steigerung der Produkt- und Servicequalität
- Kontinuierlicher Verbesserungsprozeß in allen Bereichen
- Verringerung der Durchlaufzeiten bei der Flugzeugproduktion

Gelingt es Airbus Industrie, aus der momentanen Krise gestärkt hervorzugehen und den derzeitigen Marktanteil auf dem Weltmarkt von rund 30% noch auszubauen, kann man mit Optimismus in die Zukunft blicken.

Marktstudien zufolge werden die Fluggesellschaften nach der Jahrtausendwende stark expandieren und im Zeitraum von 1994 bis 2013 rund 12800 neue Passagierjets bestellen, wovon etwa 1500 auf die Staaten der GUS entfallen. Die restlichen 11300 Flugzeuge gliedern sich in folgende Marktsegmente:

70–120 Sitze	2250 Flugzeuge
120–210 Sitze	4250 Flugzeuge
210–500 Sitze	4800 Flugzeuge

Schlüsselt man nun die einzelnen Marktsegmente in Regionen auf, lassen sich die Potentiale der Wachstumsmärkte erkennen (Abb. 7).

Entwickeln sich die Passagierzahlen weiterhin insgesamt positiv, so müssen künftig immer größere Flugzeuge zum Einsatz kommen, um der Nachfrage gerecht zu werden.

Daher ist für die Luftfahrtindustrie die Tatsache von besonderem Interesse, daß für sehr große Flugzeuge ein riesiger Markt besteht (Abb. 8). Schätzungen zufolge wird sich die durchschnittliche Sitzplatzanzahl pro Flugzeug von zur Zeit rund 180 Sitzen bis zum Jahr 2010 auf

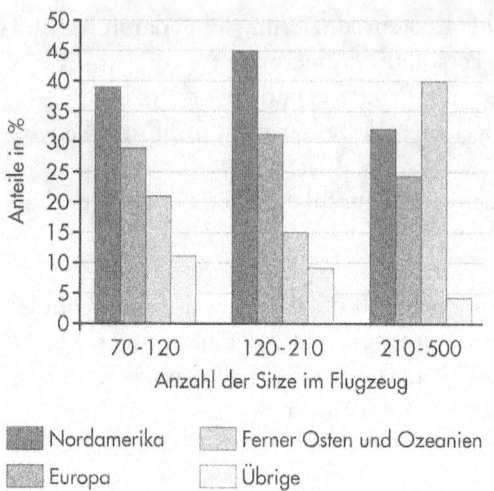

Abb. 7. Potentiale der Flugzeugklassen in den einzelnen Märkten.

Abb. 8. Diese Studie von Airbus Industrie verdeutlicht den Trend hin zu Großflugzeugen. 600 und mehr Passagiere könnten in dem doppelstöckigen Airbus mit der Projektbezeichnung A 3XX Platz finden.

ca. 225 Sitze erhöhen. Enorme Wachstumspotentiale werden dabei hauptsächlich im asiatisch-pazifischen Raum erwartet.

Um welche Beträge es bei der prognostizierten Entwicklung in der Luftfahrt geht wird deutlich, wenn man bedenkt, daß das gesamte Marktpotential für neue Flugzeuge der zivilen Luftfahrt von 1994 bis 2013 auf ungefähr 845 Milliarden US-Dollar geschätzt wird.

Regionalflugverkehr – die alternative Städteverbindung?

Als Regionalflugverkehr bezeichnet man den Flugverkehr zwischen verschiedenen Regionalflugplätzen oder zwischen diesen und Verkehrsflughäfen mit internationalem Luftverkehr. Im weiteren Sinne ist unter dem Begriff jedoch auch der sogenannte Ergänzungsflugverkehr zu verstehen, der zwar die großen Verkehrsflughäfen miteinander verbindet, wobei aber nur Regionalflugzeuge eingesetzt werden, da größere Flugzeuge wegen des relativ geringen Verkehrsaufkommens nicht wirtschaftlich genug wären. Aus diesem Grund kann der Regionalflugverkehr durchaus auch grenzüberschreitend sein und muß sich nicht auf eine bestimmte Region beschränken.

Im einzelnen unterscheidet sich der Regionalflugverkehr vom internationalen Verkehr mit großen Flugzeugen in zahlreichen Punkten.

Auf den ersten Blick mag vielleicht schon die große Anzahl der Regionalfluggesellschaften überraschen. So bieten allein in Westeuropa über 120 Unternehmen ihre Transportdienste in diesem Marktsegment an. Dabei kommen fast ausschließlich Flugzeuge mit einem Sitzplatzangebot für 19 bis 65 Passagiere zum Einsatz. Während derzeit pro Flugzeug durchschnittlich 35 Sitzplätze zur Verfügung stehen, zeigt sich inzwischen aber auch beim Regionalflugverkehr der Trend hin zu größeren Flugzeugen. Bei den eingesetzten Maschinen handelt es sich mit wenigen Ausnahmen um Propellerflugzeuge. Als häufig eingesetzte Typen sind insbesondere zu nennen: Jetstream 31, British Aerospace, Fairchild Metroliner III, Saab 340, Saab 2000, sowie die ATR 42/72 und Fokker 50.

Die Aufgaben des Regionalflugverkehrs bestehen vorwiegend darin, kleinere regionale Flughäfen an einen Flughafen mit internationaler Bedeutung anzubinden. Rund 70% der Flüge des Regionalflugverkehrs leisten diese klassischen Zubringerdienste. Die durchschnittlich zurückgelegte Entfernung pro Flug beträgt dabei lediglich 380 km, mit fallender Tendenz.

Der Regionalflugverkehr stellt insbesondere für Geschäftsreisende wichtige und schnelle Verbindungen sicher. So sind heute ein Großteil der Passagiere Geschäftsreisende, wodurch der Sitzladefaktor in Europa mit ca. 50% deutlich niedriger liegt, als beim übrigen Flugverkehr.

Wie sich der Regionalflugverkehr künftig entwickeln wird, ist trotz des gegenwärtigen Aufwärtstrends kaum vorhersehbar. Fest steht allerdings, daß der Regionalflugverkehr heute einen boomenden Wachstumsmarkt darstellt, der in Zukunft auch Probleme mit sich bringen kann.

So könnte beispielsweise die starke Konzentration des Regionalflugverkehrs auf Zubringerdienste zu einer Überlastung von wichtigen Flughäfen des Interkontinentalverkehrs führen. Andererseits machen jedoch gerade die vielen Umsteigeverbindungen, die ja der regionale Flugverkehr überwiegend sicherstellt, einen Großflughafen für die Passagiere so attraktiv. Aus dieser Tatsache heraus kann sich in Zukunft durchaus eine Konfliktsituation entwickeln. Einige Flughäfen denken deshalb schon heute darüber nach, den Regionalflugverkehr auf einen kleineren Flugplatz in der Umgebung auszulagern.

Obwohl ein Großflughafen mit einem bedeutenden Anteil an umsteigenden Passagieren bei einer gegebenen Anzahl Flügen sehr viel mehr Verbindungen bietet als ein direkter Flugbetrieb zwischen Regionalflugplätzen, wird der Zubringerverkehr wegen der eingeschränkten Kapazität künftig wohl etwas rückläufig sein.

Was eine mögliche Konkurrenz des Regionalflugverkehrs mit der Bahn betrifft, so lassen sich aus heutiger Sicht kaum gezielte Aussagen darüber machen. Aus dem Blickwinkel der Fluggesellschaften stellt zumindest der Ergänzungsflugverkehr, wie der Name schon sagt, eine Ergänzung des Streckennetzes mit einer gewissen Zubringerfunktion dar. Daher wird der Ausbau des Hochgeschwindigkeitsnetzes der Bahn nicht als Konkurrenz, sondern vielmehr als Ergänzung zum regionalen Flugverkehr betrachtet (s. S. 33).

In ökologisch sensiblen Gebieten, wie z.B. in den Alpen oder in Küstennähe, könnte der Flugverkehr vielleicht sogar umweltverträglicher sein, als beispielsweise umfangreiche infrastrukturelle Baumaßnahmen, um einen Bahnanschluß zu erstellen. Es wird also immer auf den Einzelfall ankommen, um unter ökologischen Gesichtspunkten auch beim Regionalflugverkehr eine sinnvolle Ergänzung der einzelnen Verkehrsträger zu ermöglichen.

> Berücksichtigt man die genannten Aspekte, so wird die besondere Stärke des Regionalflugverkehrs künftig darin liegen, regionale Städtepaare unter Umgehung von Großflughäfen schnell miteinander zu verbinden. Dabei könnten bei entsprechender Nachfrage durchaus auch wirtschaftlich schwächere Regionen in den Flugplan von Regionalfluggesellschaften aufgenommen werden.

Ein gutes Beispiel hierzu bieten die Flugplätze Augsburg und Altenrhein in der Schweiz. Hier gibt es sowohl Flugverbindungen zu anderen Regionalflugplätzen als auch Zubringerflüge zu internationalen Großflughäfen. Der Regionalflugverkehr könnte also in Zukunft weiter an Bedeutung gewinnen und besonders für Geschäftsreisende sowohl eine schnelle als auch eine komfortable alternative Städteverbindung darstellen.

Luftfracht – der alternative Transportweg?

Neben dem Passagieraufkommen gewinnt die Luftfracht als eigenständiger Wirtschaftszweig ebenfalls immer mehr an Bedeutung. Angaben der internationalen Luftfahrtvereinigung IATA zufolge werden heute rund ein Viertel aller Exporte (bezogen auf deren Wert) als Luftfracht befördert.

Die Entwicklung des Luftfrachtgeschäfts ist heute sehr dynamisch und anders als bei der Personenbeförderung ist das Frachtaufkommen direkt von der Exportrate der Unternehmen abhängig.

Am Beispiel des Frankfurter Flughafens wird die große Bedeutung der Luftfracht besonders deutlich. Innerhalb eines Jahres werden derzeit auf dem Frankfurter Flughafen rund 1,2 Millionen Tonnen Luftfracht umgeschlagen. Dadurch nimmt dieser Airport beim Frachtaufkommen in Europa eine Spitzenstellung ein und zählt auch weltweit zu den größten Frachtflughäfen.

Neben der Beförderung in reinen Frachtflugzeugen wird die Luftfracht zu etwa 60% den Passagierflugzeugen beigeladen und durchschnittlich 3500 Kilometer weit befördert. Bedingt durch die Tatsache, daß in Frankfurt rund 75% der ankommenden Luftfrachtgüter umgeladen und weiterbefördert werden, ist eine umfangreiche Infrastruktur vorhanden. Darüber hinaus sind allein bei der Flughafen Frankfurt/Main AG über 700 Mitarbeiter mit der Luftfrachtabfertigung betraut.

Um die führende Marktstellung im Luftfrachtverkehr auch künftig zu behaupten ist geplant, im Südteil des Frankfurter Flughafens neue Anlagen für die Frachtabfertigung zu errichten. Dadurch wird es möglich sein, die für das Jahr 2010 prognostizierten 2,7 Millionen Tonnen Fracht ökonomisch günstig umschlagen zu können. Ein bereits vorhandener Bahnanschluß bietet die Chance, Luftfracht vermehrt mit der Bahn anzuliefern bzw. weiterzubefördern. Bis zu 14000 Lkw-Fahrten im Jahr ließen sich dadurch vermeiden.

Als weiterer Punkt für eine Erhöhung der Effizienz im Luftfrachtgeschäft sind integrierte Transportkonzepte zu nennen. Dabei geht es darum, alle anfallenden Nebenleistungen wie z.B. die Erstellung von Frachtpapieren, Erledigung der Zollabfertigung sowie die Organisation der kompletten Transportkette von einem Unternehmen durchführen zulassen. Leistungsfähige Frachtterminals sowie gut funktionierende Zubringerdienste zu den Flughäfen sind dazu wesentliche Voraussetzungen.

Der Vor- bzw. Nachlauf von Frachtgütern wird fast ausschließlich vom Luftfrachtersatzverkehr, dem sogenannten Trucking, durchgeführt. Dabei werden die standardisierten Paletten und Container, ohne zusätzliches Umladen, direkt zwischen Lkw und Flugzeug ausgetauscht.

Die zunehmende Bedeutung von Expreßdiensten, die einen besonders schnellen und zuverlässigen Gütertransport garantieren, runden mit ihrem Haus-zu-Haus-Service die integrierten Transportkonzepte ab.

Die positive Entwicklung des Frachtaufkommens spiegelt sich bei den Fluggesellschaften in einem vermehrten Einsatz von »Nur-Frachtflugzeugen« wieder. Fast alle größeren Fluggesellschaften betreiben auch eine Frachtflotte oder haben eine Tochtergesellschaft gegründet, die sich auf Luftfracht spezialisiert hat.

Wurde die Mitnahme von Fracht in Passagierflugzeugen bisher eher als Zusatzgeschäft betrachtet, um die Flugzeuge besser auszulasten, so wird das Frachtgeschäft inzwischen für viele Fluggesellschaften zu einem wichtigen wirtschaftlichen Standbein. Diese Entwicklung schlägt sich natürlich in der Einnahmenstruktur der Fluggesellschaften nieder. So stammen beispielsweise rund 25% der Lufthansa-Einnahmen aus dem Frachtgeschäft.

Welche Kapazitäten notwendig sind, um die riesige Menge an Luftfracht zu bewältigen wird am Beispiel der Lufthansa ebenfalls deutlich. Derzeit kommen im Lufthansa-Konzern rund 15 reine Frachtflugzeuge zum Einsatz. Daneben werden im Kurz- und Mittelstreckenbereich vermehrt Jets in einer sogenannten *Quick Change Version* eingesetzt. Durch eine mobile Kabinenausstattung und ein seitliches Frachttor wird es möglich, tagsüber Passagiere und nachts Fracht zu befördern, wodurch eine sehr hohe Gesamtauslastung der Flugzeuge erreicht werden kann. Eine Kapitalbindung durch die sonst erforderliche Anschaffung eines zusätzlichen Flugzeuges kann so vermieden werden.

Außer den Flughäfen und den Fluggesellschaften profitieren auch zahlreiche andere Unternehmen vom Boom des Luftfrachtverkehrs. So haben sich im Umland zahlreiche Speditionen und Handelsunternehmen angesiedelt. Die Nähe zum Flughafen garantiert relativ kurze Fracht-Umschlagzeiten und ist daher von großer wirtschaftlicher Bedeutung.

Abb. 9. Bei der Frachtversion der Boeing 747 läßt sich der gesamte Bug nach oben klappen, um die Beladung zu erleichtern. Selbst sperrige Maschinenteile finden so mühelos Platz.

Legt man die Entwicklung des Luftfrachtverkehrs zugrunde, muß man sich jetzt fragen, welche Gründe es für die zunehmende Bedeutung dieses Wirtschaftsbereichs gibt.

Zunächst ist festzuhalten, daß die Beförderung von Gütern als Luftfracht verglichen mit LKW, Bahn oder Schiff generell teurer ist. Der Grund für die Zunahme kann also nicht bei den reinen Transportkosten liegen. Er ist vielmehr im Wesen und in der Beschaffenheit der Güter zu suchen.

So kommen für die Luftfracht überwiegend Güter in Frage, die schnell von einem Ort zum anderen transportiert werden müssen. Dazu zählen beispielsweise dringend benötigte Ersatzteile für Maschinen (Abb. 9) ebenso wie schnell verderbliche Lebensmittel.

Weitere Kriterien sind das Gewicht, das Volumen sowie der Wert der zu befördernden Gegenstände, da sich das Entgelt für die erbrachte Transportleistung nach dem Gewicht und dem Volumen von Gütern bemißt. Je kleiner, leichter und wertvoller ein Gut ist, das zudem noch schnell über eine große Distanz transportiert werden muß, um so eher wird sich ein Unternehmen für die Beförderung als Luftfracht entscheiden.

Unter den genannten Voraussetzungen kann der Transport als Luftfracht für viele Unternehmen also durchaus ein alternativer Transportweg sein. Die bedeutenden Vorteile des Luftverkehrs, wie Schnelligkeit und Sicherheit, machen sich die Unternehmen daher vermehrt zunutze.

Wie wirkt sich der Luftverkehr auf die Volkswirtschaft aus?

Viele wirtschaftlichen Auswirkungen des Luftverkehrs bilden sich direkt in einer Volkswirtschaft ab. Untersuchungen haben ergeben, daß im Luftverkehr erwirtschaftete Umsätze eine Steigerung der Umsätze in anderen Wirtschaftsbereichen um einen Faktor 1,7 bewirken.

Im europäischen Wirtschaftsraum mit seinen exportbetonten Märkten ist die Standortfrage für viele Unternehmen von elementarer Bedeutung. Da besonders der Luftverkehr einen schnellen Austausch von Gütern und Dienstleistungen sicherstellt, sind Standorte in Flughafennähe sehr begehrt. Hier siedeln sich vermehrt Firmen an, die sich lediglich die günstigen Transportverbindungen zunutze machen und mit dem eigentlichen Luftverkehr in keinerlei Verbindung stehen. So hat sich der direkte Zugang zum Luftverkehr, neben der Nähe zu den Märkten und Zulieferern, mittlerweile zum zweitwichtigsten Kriterium bei der Standortentscheidung entwickelt. Es zeigt sich also immer wieder, daß der Luftverkehr sowohl wirtschaftlich und technologisch als auch politisch nur in einem weltweiten Maßstab zu begreifen ist.

Daneben gibt es zahlreiche Auswirkungen, die, obwohl sie mengen- als auch betragsmäßig nicht ins Gewicht fallen, doch einen erheblichen Einfluß auf volkswirtschaftliche Größen haben. So wird heute die Luftfahrt (Luftfahrt als solche und die Luftfahrtindustrie) immer mehr als technologisches Bindeglied zwischen Grundlagenforschung und anderen Industriezweigen verstanden. Die Luftfahrt übt in diesem Zusammenhang eine wichtige Schlüsselrolle aus, die mit einer hohen Wertschöpfung verbunden ist.

Konkret bedeutet dies, daß immer mehr neue Technologien, die ursprünglich für den Bereich der Luftfahrt entwickelt wurden, Eingang in unser tägliches Leben finden. Der eigentliche Nutzen zeigt sich dann oft erst nach Jahren oder Jahrzehnten. Als Beispiel kann hier die Entwicklung von extrem leichten und widerstandsfähigen Metallen dienen, die für den Einsatz in Flugzeugen konzipiert wurden und heute unter anderem auch für Zeltgestänge Verwendung finden.

Gerade neue Technologien, verbunden mit der entsprechenden Grundlagenforschung, sind es, die den Wirtschaftsraum Europa mit den jeweiligen Standorten auch zukünftig sichern können. Da die Luft- und Raumfahrt einen erheblichen Anteil an dieser

Zukunftssicherung hat, wäre es von großem Nutzen, die Luftfahrt zu einem sicheren Standbein im europäischen Wirtschaftraum zu entwickeln. Einige europäische Länder, so auch Deutschland, haben inzwischen nationale Konzepte ausgearbeitet und zahlreiche Forschungsprogramme zur Standortsicherung angeregt.

Arbeitsplatz Flughafen

Als inländischer Wirtschaftsfaktor sind die Flughäfen insbesondere als Arbeitgeber von großer Bedeutung. Durch eine zunehmende Komplexität der Aufgaben werden auf einem Flughafen heute qualifizierte Fachkräfte aus fast allen Branchen und Dienstleistungsbereichen benötigt.

Auf dem Flughafen in Frankfurt sind derzeit rund 54000 Menschen in über 400 Firmen, Betrieben und Behörden beschäftigt. Bezieht man die Angehörigen dieser Beschäftigten mit ein, so bildet dieser Flughafen die Existenzgrundlage für mehr als 100000 Menschen.

Dadurch ist der Frankfurter Flughafen Hessens größte Arbeitsstätte, was die wirtschaftliche Bedeutung der Region Rhein-Main insgesamt unterstreicht.

Hinzu kommen zahlreiche weitere Unternehmen, die sich im Flughafenumfeld angesiedelt haben, da sie sich durch die zahlreichen Verkehrsverbindungen Zeit- und somit Wettbewerbsvorteile versprechen.

Untersuchungen haben gezeigt, daß in der Umgebung von Flughäfen von einem Beschäftigungsmultiplikator zwischen 1,8 und 2,9 auszugehen ist. 1000 Arbeitsplätze auf einem Flughafen schaffen so beispielsweise weitere 1800 bis 2900 Arbeitsplätze im Umland.

Tabelle 4. Art der Arbeitsverhältnisse bei der Flughafen Frankfurt/Main AG.

Art des Arbeitsverhältnisses	Beschäftigte
Arbeiter	5396
Angestellte	5754
Auszubildende	226
Aushilfen	54
Schüler/Studenten	748
Praktikanten	9
Gesamt	12187

Eine ähnlich große Bedeutung für den Arbeitsmarkt haben fast alle größeren Flughäfen, da die serviceorientierten Tätigkeiten und die zahlreichen Sicherheitsbestimmungen einen großen Personalbestand erfordern.

Die Internationalität eines Flughafens spiegelt sich auch bei der Herkunft der Beschäftigten wieder. Bei der Flughafen Frankfurt/Main AG (FAG), der Betreibergesellschaft des Flughafens, sind etwa 60 verschiedene Nationalitäten vertreten, wobei die türkischen Beschäftigten mit 1500 Personen die stärkste Gruppe bilden. Insgesamt beträgt der Anteil ausländischer Arbeitnehmer bei der FAG rund 20%.

Die Analyse nach Art der jeweiligen Arbeitsverhältnisse stellt sich bei der FAG zum 31.12.1993 wie in Tabelle 4 dar.

Auffällig ist, daß der Frauenanteil an der Gesamtbelegschaft der FAG, verglichen mit anderen Unternehmen dieser Größenordnung, mit knapp 14% relativ gering ist. Hinzu kommt, daß fast alle Frauen als Angestellte beschäftigt sind und für Verwaltungsaufgaben eingesetzt werden. Mögliche Gründe dafür könnten sein:

- Das besondere Arbeitsumfeld auf einem Flughafen
- Schichtarbeit (ca. 65% der FAG-Beschäftigten arbeiten im Schichtbetrieb)
- Technisch orientierte Verfahren bei der Flugzeugabfertigung
- Fehlendes Wissen um Arbeitsmöglichkeiten für Frauen

Gute bis sehr gute Verdienstmöglichkeiten unterstützen auch weiterhin die Entscheidung für die Wahl eines Arbeitsplatzes auf einem Flughafen.

Legt man die Bruttolohnsumme der bei der FAG Beschäftigten zugrunde, so ergibt sich bei den Angestellten ein durchschnittliches Brutto-Jahresentgelt in Höhe von 54000 DM und bei den Arbeitern in Höhe von 46000 DM.

Der relativ geringe Unterschied kann unter anderem dadurch erklärt werden, daß die Arbeiter größtenteils im Schichtdienst tätig sind und durch entsprechende Zulagen den Einkommensunterschied zu den Angestellten teilweise kompensieren können.

Die generell günstigen Rahmenbedingungen für eine Beschäftigung auf einem Flughafen werden derzeit allerdings durch Einstellungsstopps getrübt, da sich die gesamte Luftfahrtbranche von den Auswirkungen des Golfkrieges und der weltweiten Wirtschaftsschwäche bisher nicht wieder vollständig erholt hat. Seit Anfang 1994 versucht man, durch Kostenreduzierung mit dem vorhandenen Mitarbeiterstamm das Betriebsergebnis zu verbessern und gleichzeitig durch eine Motivation der Mitarbeiter eine Produktionssteigerung im Sinne einer besseren Serviceorientierung zu erreichen. Ist dieses Ziel verwirklicht, sollen mittelfristig wieder neue Mitarbeiter eingestellt werden, sofern sich die wirtschaftlichen Rahmenbedingungen günstig entwickeln.

Der Arbeitsplatz Flughafen wird seine Attraktivität trotz gelegentlicher wirtschaftlicher Schwierigkeiten in den kommenden Jahren sicherlich nicht verlieren. Insbesondere junge Leute sind es, die gerne in einem international geprägten Umfeld arbeiten und tagtäglich das Flair der großen weiten Welt erleben möchten.

3 Landverbrauch durch Flughäfen

Ökologische Folgen im Flughafenumfeld

Im dicht besiedelten Mitteleuropa gibt es nur noch wenige Regionen, die nicht mit Verkehrsproblemen irgendwelcher Art belastet sind.

Welche konkreten ökologischen Folgen speziell im Umfeld von Verkehrsflughäfen auftreten können, soll am Beispiel des neuen Münchner Flughafens dargestellt werden.

Ausgangspunkt für die Planung eines neuen Flughafens waren die unzumutbaren Verhältnisse des in Stadtnähe gelegenen Flughafens München-Riem. Daher wurde bereits 1963 die Suche nach einem neuen Flughafenstandort eingeleitet. Die Wahl fiel nach Prüfung von 26000 Einsprüchen auf ein Gelände im Erdinger Moos, etwa 20 km nördlich von München. Großflächige Entwässerungsmaßnahmen zu Beginn dieses Jahrhunderts ermöglichten dort eine intensive landwirtschaftliche Bewirtschaftung des Bodens.

Für den Bau des Flughafens mußte jedoch der Grundwasserspiegel weiter abgesenkt werden, da für einen sicheren Flugbetrieb im Winter eine gewisse Frostsicherheit der Startbahnen, Rollbahnen und Abfertigungs-

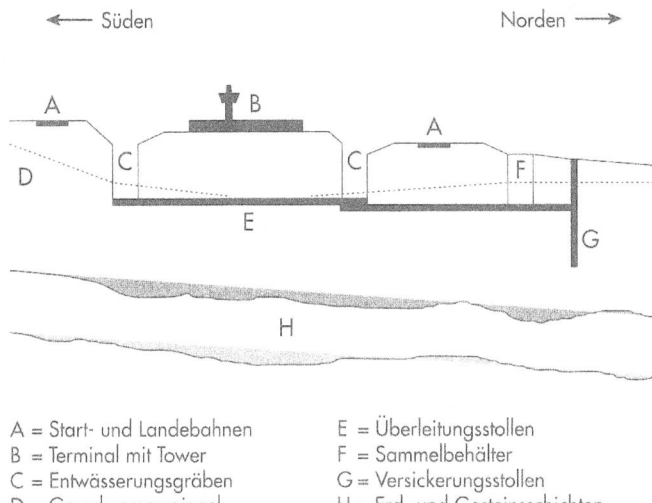

A = Start- und Landebahnen
B = Terminal mit Tower
C = Entwässerungsgräben
D = Grundwasserspiegel
E = Überleitungsstollen
F = Sammelbehälter
G = Versickerungsstollen
H = Erd- und Gesteinsschichten

Abb. 10. Schnittzeichnung der Grundwasserabsenkung des Münchner Flughafens.

vorfelder erforderlich ist. Durch zahlreiche Entwässerungsgräben konnte erreicht werden, daß das Grundwasser bis auf höchstens einen Meter unter die Geländeoberfläche ansteigen kann. Derzeit liegt der Grundwasserspiegel im Zentrum des Flughafengeländes um etwa zwei Meter unter dem mittleren, natürlichen Grundwasserstand.

Um die Auswirkungen der Absenkung auf das Umland so gering wie möglich zu halten, wurden unter Berücksichtigung der Fließrichtung des Wassers, im Nordbereich des Airports 132 Vertikalbrunnen gebaut, in denen das Wasser versickern kann und so in den Grundwasserhaushalt des Bodens wieder eingespeist wird (Abb. 10). Zwar hatte man gehofft, durch die Versickerungsanlage den Grundwasserspiegel vollständig auf das natürliche Niveau anheben zu können, was aber nicht gänzlich gelang. Umliegende Bauern beklagen seither vermehrt eine zunehmende Austrocknung ihrer Felder durch die Absenkung des Grundwassers.

Trotz seiner Fläche von 1500 Hektar ist der Münchner Flughafen ein relativ grüner Flughafen. Bedingt durch zahlreiche Umweltauflagen weist der Flughafen eine intensive Bepflanzung auf, die dazu beitragen soll, daß die in Flughafennähe freigesetzten Schadstoffe rasch abgebaut oder kompensiert werden können. Ein Grüngürtel rund um den Flughafen soll dieses Bemühen zusätzlich unterstützen.

Neben dem reinen Landverbrauch und einer Veränderung der Grundwassersituation können im Umfeld von Flughäfen zahlreiche ökologische Schäden auftreten.

- Lärm- und Schadstoffbelastung
- Landschaftsversiegelung durch Straßen- und Schienenanschluß
- Zunehmende Urbanisierung im Umfeld
- Ausdünnung der Artenvielfalt von Flora und Fauna
- Notwendigkeit eines veränderten Energiekonzepts für die Region

Zusammenfassend kann man sagen, daß im Gegensatz zu anderen Verkehrsträgern wie z.B. dem Straßenverkehr die unmittelbaren ökologischen Folgen des Luftverkehrs lokal auf das Flughafenumfeld begrenzt bleiben. Der Luftverkehr trägt daher nicht zu einer Zersiedelung der Landschaft bei. Hinzu kommt die Tatsache, daß Flughäfen für die gleiche Verkehrsleistung rund fünfmal weniger Landfläche benötigen als die Eisenbahn und sechsmal weniger als Fernstraßen. Jedoch führen die vielen ökologischen Folgen in der näheren Umgebung eines Flughafens zu wesentlichen Veränderungen des Landschaftsbildes einerseits und zu einer erheblichen Beeinträchtigung der Lebensqualität in diesem Bereich andererseits.

Landverbrauch im Vergleich

Beim Landverbrauch stellt sich jetzt die Frage, wie die im vorangegangenen Kapitel aufgeführten groben Richtwerte für den Vergleich des Landverbrauchs von Flughäfen mit anderen Verkehrsträgern näher bestimmt werden können. Tabelle 5 soll dies am Beispiel von Deutschland zeigen.

Grundlage für das Zahlenmaterial bilden rein die Verkehrswege ohne Berücksichtigung von Gebäuden,

Tabelle 5. Flächenverbrauch der Verkehrsträger im Vergleich.

		Flächen-verbrauch
Straßenverkehr		
Gesamtlänge des Straßennetzes	226000 km	
(ohne kommunale Straßen)		
davon Autobahnen	10955 km	318 km^2
Eisenbahn (Deutsche Bahn AG):		
Gesamtlänge des Schienennetzes	40800 km	
davon ICE/IC-Strecken	8100 km	111 km^2
Luftverkehr:		
befestigte Verkehrsflächen auf		
Flughäfen insgesamt	40 km^2	
davon auf internationalen		20 km^2
Verkehrsflughäfen		

Bahnhöfen, Werkstätten usw. Um überhaupt einen Vergleich mit dem Luftverkehr zu ermöglichen, muß die Bedarfsfläche des Straßen- und Eisenbahnverkehrs um den Anteil des regionalen Kurzstreckenverkehrs bereinigt werden. Sonst käme es zu Verzerrungen, da definitionsgemäß der regionale Straßen- und Eisenbahnverkehr vom Luftverkehr überhaupt nicht bedient werden könnte.

Für Autobahnen wurde ein Regelquerschnitt von 29 Meter und für die Fernstrecken der Bahn 13,7 m (zweigleisige Strecke) zugrunde gelegt.

Im Vergleich ergeben sich auf Basis des gesamten Flächenverbrauchs folgende Anteile:

Autobahn 71%
ICE/IC-Trassen 25%
Verkehrsflughäfen 4%

Die Gesamtflächen der Verkehrsflughäfen lassen sich im einzelnen weiter aufgliedern und auf die wichtigsten Flughäfen verteilen (Tabelle 6).

Mit Ausnahme der Flughäfen Berlin-Schönefeld, Köln/Bonn und Hannover spiegelt sich in der Größe die Stellung nach den Passagierzahlen in etwa wieder. Von Interesse ist in diesem Zusammenhang, daß der Anteil der befestigten Flächen an der Gesamtfläche lediglich rund 25% beträgt, der Rest sind Grünflächen. Gerade diese Grünflächen sind es, die die sonst ungenutzte Fläche für Tiere interessant macht. Besonders auf dem Zürcher Flughafen haben sich schon zahlreiche, auch vom Aussterben bedrohte Tierarten, angesiedelt.

Möglich wurde dies dadurch, daß die Grünflächen dort, wo es wegen der Verkehrssicherheit nicht unbedingt erforderlich ist, nicht mehr gemäht werden und so Magerwiesen entstehen, die einer großen Zahl von Arten Lebensraum bietet. Als positiver Nebeneffekt werden

Tabelle 6. Flächen deutscher Verkehrsflughäfen.

Flughafen	Fläche (in Hektar) Stand 1992
Berlin-Schönefeld	631
Berlin-Tegel	472
Berlin-Tempelhof	362
Bremen	244
Dresden	672
Düsseldorf	613
Frankfurt	2008
Hamburg	564
Hannover	811
Köln/Bonn	1222
Leipzig	464
München	1500
Münster/Osnabrück	200
Nürnberg	321
Saarbrücken	135
Stuttgart	511
Σ	10730

Schwarmvögel von den für sie unattraktiven Flächen ferngehalten und die Gefährdung der Flugzeuge durch Vogelschlag verringert sich.

Was den Landverbrauch des Luftverkehrs betrifft, so weist dieser im Vergleich zur Bahn und zum Straßenverkehr also eine sehr positive Bilanz auf. Kein anderer Verkehrsträger schafft es, auf einer so kleinen Fläche, eine so große Verkehrsleistung zu erbringen.

4 Flug- und Bodenlärm

Seit Beginn der 60er Jahre führt der von startenden und landenden Flugzeugen verursachte Lärm zu einer erheblichen Belastung des Verhältnisses zwischen den Flughafengesellschaften als Betreiber der Flughäfen und den Anwohnern. Die Gründe dafür sind insbesondere:

- Einführung von Strahlflugzeugen mit andersartigen Lärmwerten als bei Flugzeugen mit Kolbenmotoren
- Schnelles Wachstum des Luftverkehrs
- Zunehmende Besiedlung in Flughafennähe

Da technischer Fortschritt, gepaart mit einem wirtschaftlichen Wachstum auch in der Luftfahrt heute als wünschenswert vorausgesetzt werden muß, erscheint die bloße Forderung nach einer Reduzierung der Flugbewegungen nicht opportun. Vielmehr muß versucht werden, die Emissionen direkt am Entstehungsort zu verringern. Generell läßt sich der flughafenbedingte Lärm nach Art der Entstehung gliedern (Tabelle 7).

Während Flug- und Bodenlärm als Schallemission in die Umgebung gelangt, bleibt die Freisetzung des Anlagenlärms fast immer auf das Flughafengelände beschränkt.

Tabelle 7. Art und Entstehung von flughafenbedingtem Lärm.

Fluglärm	Start
	Landung
Bodenlärm	Rollbewegung der Flugzeuge
	Triebwerk-Testläufe
	Kraftfahrzeugverkehr
	Frachtumschlag
	Werftbetrieb
Anlagenlärm	Gepäckförderanlage
	Passagiertransfersystem

Fluglärm im engeren Sinne entsteht, wenn der heiße Abgasstrahl aus den Triebwerken mit hoher Geschwindigkeit auf die das Flugzeug umgebende kalte Luft trifft.

Lärm erzeugt außerdem die Verbrennung von Treibstoff im Innern des Triebwerks sowie die rotierenden Luftschaufeln. Daher ist der Triebwerkslärm besonders beim Start bemerkbar, wenn die Triebwerke mit voller Leistung arbeiten.

Lärm entsteht ebenfalls, wenn nach der Landung der Gegenschub einsetzt, um das Flugzeug sicher abbremsen zu können.

Eine weitere Komponente des Fluglärms stellt die aerodynamische Lärmentwicklung dar. Dieses Geräusch entsteht, wenn die Luft über den Flugzeugkörper streicht und an der Reibungsfläche verwirbelt. Die aerodynamische Lärmkomponente ist somit abhängig vom Maß der Luftverdrängung (Größe des Flugzeuges) und der Art der Druckverteilung an den Flügeln.

Bei modernen Flugzeugen tragen Winglets an den Flügelenden zu einer Reduzierung des induzierten Luftwiderstandes und somit auch zu einer Verringerung des dadurch bedingten Lärms bei.

Generell wirkt sich jegliches Abweichen vom aerodynamischen Optimum nachteilig auf den Lärmwert aus. Während des Landeanflugs verstärkt sich deshalb der aerodynamische Lärm infolge der ausgefahrenen Landeklappen und des Fahrwerks.

Wie läßt sich Lärmbelastung messen?

Das Ohr ist das empfindlichste Sinnesorgan des Menschen. Da sein Wahrnehmungsbereich gegenüber Schalldruckschwankungen fast unendlich groß ist, wird für akustische Messungen ein logarithmischer Maßstab, das Dezibel (dB) verwendet.

Der Hörschwelle ist der Wert 0 dB zugeordnet, dem zehnfach stärkeren Schalldruck der Wert 10 dB, dem Hundertfachen 20 dB usw. Die Schmerzgrenze des menschlichen Gehörs liegt bei dieser Meßmethode bei 130 dB. Da bei Schallmessungen eine unterschiedliche Empfindlichkeit für hohe und tiefe Töne zu berücksichtigen ist, sind in die Meßgeräte genormte Filter (A-) eingebaut. Die Meßeinheit für Schallintensitäten wird dementsprechend dB(A) genannt.

Aufgrund des logarithmischen Maßstabs entspricht eine Schallminderung um 10 dB(A) einer Halbierung der empfundenen Lautstärke.

Das Empfinden von Geräuschen als Lärm ist stark abhängig von der Intensität, d. h. von der Lärmquelle selber und von der räumlichen Distanz, aus der das Geräusch wahrgenommen wird. Unabhängig davon ist die

Tabelle 8. Geräusche und ihre Einzelschallpegel.

Atemgeräusch eines Schlafenden	25 dB(A)
leises Gespräch	50-60 dB(A)
Airbus A320 beim Start in 700 m Entfernung	70 dB(A)
Airbus A320 beim Start in 300 m Entfernung	80 dB(A)
PKW-Geräusch am Fahrbahnrand bei 100 km/h	80-90 dB(A)
ICE-Vorbeifahrt in 25 m Entfernung bei 250 km/h	86 dB(A)
Diskothek, Schallpegel auf der Tanzfläche	110-120 dB(A)
Militärischer Tiefflieger in 75 m Höhe (Überflug)	110-125 dB(A)

psychische Verfassung der betroffenen Menschen und deren grundsätzliche Einstellung gegenüber dem Geräusch von entscheidender Bedeutung. In Abhängigkeit von Schallintensitäten lassen sich in Tabelle 8 vergleichende Werte darstellen.

Zum Schutz der Bevölkerung vor einer Belästigung durch Fluglärm wurden in zahlreichen Ländern Gesetze erlassen, die verschiedene Lärmschutzzonen definieren und Entschädigungen bzw. Unterstützungsleistungen regeln.

In Deutschland ist seit 1971 das Gesetz zum Schutz gegen Fluglärm in Kraft. Dieses Fluglärmgesetz legt für Flughäfen mit Linienverkehr Lärmschutzbereiche fest, wobei sich ein Lärmschutzbereich wiederum in zwei Schutzzonen gliedert. Die innere Schutzzone 1 umfaßt ein Gebiet, in dem der durch Fluglärm hervorgerufene Dauerschallpegel 75 dB(A) übersteigt. In der äußeren Schutzzone 2 liegt dieser Pegel bei einem Wert von minimal 67 dB(A).

Während im gesamten Lärmschutzbereich besonders schutzbedürftige Einrichtungen wie Krankenhäuser, Alten- und Erholungsheime sowie Schulen nicht errichtet werden dürfen, ist in Schutzzone 1 eine Wohnbebauung generell unzulässig.

Über die gesetzlichen Regelungen hinaus bestehen an vielen Flughäfen weitere Schutzzonen, die eingerichtet wurden, um Unterstützungsleistungen der Flughafengesellschaft, zum Beispiel die Finanzierung von Schallschutzfenstern, räumlich abgrenzen zu können.

Um dem subjektiven Empfinden von Fluglärm gerecht zu werden, kommen unterschiedliche Meßmethoden zur Anwendung, die die Lärmsituation von verschiedenen Seiten beleuchten.

Durchschnittlicher Spitzenlärmwert

Dieser Wert kann als Maß einer effektiven und punktuellen Lärmbelastung für eine detaillierte Betrachtung der Beschallungssituation herangezogen werden. Dazu sind im Umfeld des Flughafens zahlreiche Lärmmeßstellen installiert, die die einzelnen Werte kontinuierlich aufzeichnen.

Die Aufstellungsorte der Geräte wurden so gewählt, daß sowohl im Abflug- als auch im Anflugbereich nahezu alle Starts und Landungen mit ihren spezifischen Lärmwerten erfaßt werden können. Neben Spitzenlärmwerten einzelner Flugbewegungen lassen sich auch gezielt Lärmbilder von bestimmten Fluggesellschaften und bestimmten Flugzeugtypen erstellen, wobei die jeweiligen Spitzenwerte über den Zeitraum eines Jahres gemittelt werden.

Betrachtet man die Werte der in Zürich startenden Flugzeuge (mit Jet-Triebwerken) aller drei möglichen Startrichtungen, so ergibt sich dort, unter Berücksichtigung der jeweiligen Häufigkeiten, ein durchschnittlicher Spitzenlärmwert von 89,8 dB(A).

Häufigkeitsbetrachtung

Die Häufigkeitsverteilung von Starts im Tagesverlauf gibt nur die Anzahl der Lärmereignisse unter Berücksichtigung unterschiedlicher Startrichtungen wieder. Die Anzahl der Starts pro Stunde und Piste, summiert über den Zeitraum eines Jahres lassen sich grafisch gut darstellen. Abbildung 11 zeigt eine solche Grafik für die Flugzeuge mit Jet-Triebwerken, die von der Westpiste (Start in Richtung Westen) des Zürcher Flughafens starten.

Die gemessenen Häufigkeiten an einem Tag geben Aufschluß darüber, wo die Verkehrsspitzen liegen und zu welchen Zeiten es zu Engpässen bei der Abfertigung und bei der Flugsicherung kommen kann.

In Mitteleuropa vorherrschende Westwinde machen es erforderlich, einen Großteil der Starts in Westrichtung durchzuführen, um den durch die Gegenwinde erhöhten Auftrieb nutzen zu können. Von allen in Zürich durchzuführenden Starts mit Jet-Flugzeugen entfallen dadurch regelmäßig mehr als 70% auf Starts von der Piste 28 (Westpiste). Eine derartige Ungleichverteilung führt

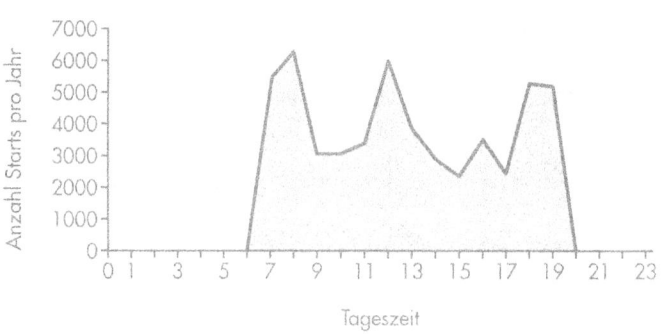

Abb. 11. Häufigkeitsverteilung für Starts auf Piste 28 (Westpiste) des Zürcher Flughafens.

deshalb zu einer erhöhten Lärmbelastung der Anwohner im Abflugbereich dieser Startbahn.

Ähnliches gilt für den Frankfurter Flughafen. Hier wird der überwiegende Teil der Starts über die Startbahn West abgewickelt, da diese Bahn relativ unabhängig von der Windrichtung betrieben werden kann.

Lärmteppich

Als Lärmteppich wird die auf den Boden dargestellte Fläche bezeichnet, auf der beim Start eines vollbeladenen Flugzeuges ein Lärmpegel von mindestens 85 dB(A) gemessen wird. Je leiser ein Flugzeug startet, um so kleiner ist demnach der Lärmteppich.

Um die Lärmteppiche von Flugzeugen beim Start vergleichen zu können, müssen für die Betrachtung Flugzeuge herangezogen werden, die in etwa das gleiche Abfluggewicht aufweisen. Eine mögliche Vergleichbarkeit besteht daher insbesondere zwischen den Typen Boeing 727-200 und Airbus A320-200 sowie der Boeing 737-200 und Boeing 737-500.

Abbildung 12 zeigt grafisch die mit 85 dB(A) lärmbelasteten Flächen der Flugzeugtypen Boeing 727-200 und Airbus A320-200. Weist die veraltete Boeing 727-200 noch eine belastete Fläche von 14,25 km² auf, so konnte der Lärmteppich mit Einsatz des neuen Airbus A320-200 auf 1,55 km² reduziert werden. Deutlich wird in diesem Zusammenhang auch, daß die stark belastete Fläche beim A320-200 im Wesentlichen auf das Flughafengelände beschränkt bleibt.

Was die gesamte Lärmbelastung unter Berücksichtigung des subjektiven Empfindens von Betroffenen betrifft, so geht die Lufthansa davon aus, daß mit

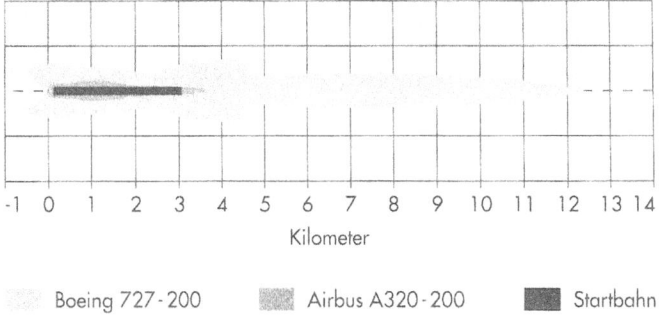

Abb. 12. Beschallte Fläche mit 85 dB(A) beim Start.

Einführung des Airbus A320, verglichen mit dem Vorgängermodell Boeing 727, eine Verringerung des Lärms um 70–80% erreicht werden konnte. Lufthansa hat den Kurz- und Mittelstreckenjet A320 als direkten Ersatz für die ausgemusterte B727-200 beschafft. Die Inbetriebnahme neuer und somit leiserer Flugzeuge ist also eine wichtige Maßnahme zur Reduzierung der Lärmemissionen auf Flughäfen.

Abweichung von den Zulassungsgrenzwerten

Um für Flugzeuge mit Jet-Triebwerken Zulassungsgrenzwerte festschreiben zu können, mußte ein Maß gefunden werden, das sowohl das Flugzeuggewicht und die Anzahl der Triebwerke als auch den zeitlichen Verlauf des Geräusches und die Intensität besonders hervortretender Frequenzen berücksichtigt. Dies wurde durch die Einführung der Meßgröße EPN dB (Effective Perceived Noise) erreicht.

Dabei gilt der Grundsatz, daß je mehr Transportleistung ein Flugzeug erbringt, desto größer ist auch die tolerierbare Lärmbelastung.

Die Gesamtabweichung für alle Flugzeuge eines bestimmten Typs setzt sich aus den einzelnen Lärmwerten jedes Emissionsereignisses (Start) zusammen. Je negativer die berechnete Gesamtabweichung ist, um so deutlicher werden die Zulassungsgrenzwerte für den betreffenden Flugzeugtyp unterschritten.

Ein weiterer Faktor für eine standardisierte Berechnung der Abweichung stellt der Ort des gemessenen Schallpegels dar. Nach den Richtlinien der ICAO (International Civil Aviation Organization) erfolgt die Messung an folgenden Stellen:

Landung:	2 km vor dem Aufsetzpunkt auf der Anflugsgrundlinie
Start:	6,5 km nach Beginn der Startrollstrecke auf der Abflugsgrundlinie
Seitliche Meßlinie:	450 m Abstand von der Startbahnmittellinie

Das Start- und Landeprofil in Abbildung 13 (nicht maßstabsgerecht) verdeutlicht die Lage der Lärmmeßstellen im An- und Abflugbereich der Bahn. Hinzu kommt noch ein Meßpunkt, der seitlich mit einem Abstand von 450 m zur Bahnmittellinie angeordnet ist.

Die genannten Grundlagen bei der Bestimmung von Zulassungsgrenzwerten (Meßgröße und Lage der Meßstellen) ermöglichen es, die Flugzeugtypen in drei verschiedene Lärmkategorien einzuteilen. Für ihre Mitgliedsstaaten hat die ICAO die Einteilung verbindlich festgelegt und im Anhang 16 (Annex 16) in die Verordnungen der ICAO aufgenommen. Dieses Regelwerk versteht sich als Richtlinie für eine nationale Gesetzgebung der Mitgliedsländer bei Lärmgrenzwerten und basiert im wesentlichen auf amerikanischen Gesetzen der 60er Jah-

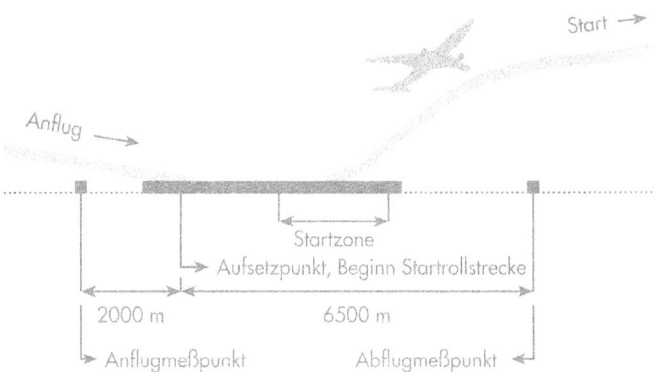

Abb. 13. Start- und Landeprofil für Lärmmessungen nach den Bestimmungen der ICAO.

re. Die Übernahme dieser Lärmvorschriften war hauptsächlich bedingt durch die damalige Dominanz der US-amerikanischen Flugzeughersteller Boeing, McDonnell Douglas und Lockheed. Tabelle 9 zeigt den ICAO-Anhang 16 für Strahlflugzeuge nach diversen Modifikationen des Regelwerks und Ersteinstufung von neuen Flugzeugen. Flugzeuge ohne Lärmzulassung sind in Kapitel 1 aufgeführt. Darin finden sich Jetflugzeuge der ersten Generation wie z.B. Boeing 707, DC-8 und Caravelle, die jedoch in Deutschland keine Betriebserlaubnis mehr haben und nur noch mit einer Ausnahmegenehmigung deutsche Flughäfen anfliegen dürfen. Ähnliches gilt inzwischen für die meisten westeuropäischen Länder. In Tabelle 9 ist lediglich eine Auswahl der gängigsten Flugzeugtypen aufgelistet. Die Einstufung im ICAO-Anhang 16 berücksichtigt hingegen neben der Indienststellung des Typs auch die Art der Triebwerke.

Ein altes Flugzeug ohne Lärmzulassung kann daher durch entsprechende schalldämpfende Modifikationen

Tabelle 9. Einstufung der Strahlflugzeuge in Lärmklassen nach ICAO-Anhang 16.

Flugzeugtyp	max. Start-gewicht (t)	Lärmpegel (EPN dB) nach Anhang 16 bei:			Anzahl Triebwerke
		Start	Seitenlinie (450 m)	Landung	
Kapitel 3(mit Lärmzulassung)					
B747-400	386	99,0	98,3	103,3	4
B747-200	378	102,6	101,7	106,5	4
MD-11	280	94,9	95,9	103,8	3
A340-200	254	94,4	94,8	97,3	4
L1011-100	211	97,6	97,8	102,8	3
B767-300	185	93,2	97,0	100,2	2
A310-300	153	91,5	96,0	98,6	2
A320-200	74	88,0	94,4	96,3	2
MD-87	64	88,8	95,1	92,6	2
F100	43	83,4	89,3	93,1	2

Tabelle 9. Fortsetzung.

Flugzeugtyp	max. Start-gewicht (t)	Lärmpegel (EPN dB) nach Anhang 16 bei:			Anzahl Triebwerke
		Start	Seitenlinie (450 m)	Landung	
Kapitel 2 (mit Lärmzulassung)					
B747-100	333	109,4	99,6	107,2	4
IL86	210	107,4	104,2	105,1	4
TU154	96	100,1	97,8	106,0	3
DC-9-30	50	97,5	99,0	104,3	2
B737-200	50	89,8	98,7	104,6	2
BAC-111	45	95,3	101,6	100,0	2
TU134	45	92,9	101,9	101,4	2

Tabelle 9. Legende.
Verzeichnis der international gültigen Herstellerbezeichnungen:

Abkürzung	Hersteller
A	Airbus
B	Boeing
BAC	British Aerospace
F	Fokker
IL	Iljuschin
L	Lockheed
MD/DC	McDonnell Douglas
TU	Tupolew

an den Triebwerken oder dem Einbau von neuen Triebwerken eine Einstufung in eine höhere Lärmklasse (Kapitel) erreichen und die Betriebsgenehmigung für weitere Jahre erhalten.

Generell läßt sich durch die Inbetriebnahme neuer Flugzeuge die Lärmentwicklung zwar reduzieren, jedoch werden die positiven Auswirkungen dieser Entwicklung mittelfristig kaum spürbar sein (z.B. auf Flughäfen mit vorwiegend Langstreckenverkehr und in Industrieländern, da hier neue Jets zuerst eingesetzt werden). Der Grund dafür liegt in der relativ veralteten Welt-Flugzeugflotte. 1988 waren lediglich 70% aller Flugzeuge nach Kapitel 2 klassifiziert.

> Heute hat sich die Situation etwas gebessert und so ist inzwischen gut die Hälfte der Weltflotte in Kapitel 3 eingestuft. Allerdings ändert dies wegen der Zunahme des Flottenbestands nichts an der Tatsache, daß die Anzahl alter Flugzeuge in den vergangenen Jahren kaum abgenommen hat. Vielmehr geht der Trend derzeit dahin, alte und somit billige Flugzeuge in kapitalschwächere Regionen der Erde zu verkaufen. Für

die dortigen Fluggesellschaften besteht jedoch kaum ein ökonomischer Anreiz, die Flugzeuge unter Umweltgesichtspunkten nachzurüsten.

Die dargestellten unterschiedlichen Meßmethoden für Lärmemissionen lassen eine vergleichende Bewertung des Schallereignisses unter jeweils anderen Bedingungen und Gesichtspunkten zu. Diese Bewertungen sind die Grundlage für mögliche Maßnahmen, die unabhängig von einer Einführung neuer Flugzeuge von Flughäfen ergriffen werden können, um die dortige Bevölkerung zu entlasten.

Wie kann die Lärmbelastung verhindert werden?

Änderungen beim Flugbetrieb

Bei den Bemühungen, den Fluglärm zu reduzieren, spielen die Flughafengesellschaften als Betreiber der Flughäfen eine wichtige Rolle, obwohl sie weder auf das eingesetzte Fluggerät noch auf Flugsicherungsbestimmungen und -verfahren direkten Einfluß nehmen können. Durch eine gezielte Flughafenpolitik läßt sich jedoch die Lärmsituation in gewissem Umfang steuern. Folgende Maßnahmen können in diese Richtung zielen.

Hinwirken auf lärmmindernde Start- und Landeverfahren: Bedingt durch stärkere Triebwerke sind moderne Flugzeuge in der Lage, den Steigflug wesentlich steiler durchzuführen. Dadurch kann schneller eine Höhe erreicht werden, bei der die Lärmbelastung für die Bevölkerung nicht mehr von Bedeutung ist. Außerdem ist es möglich, Starts mit verringerter Triebwerksleistung durchzuführen, sofern dem nicht Sicherheitsaspekte wie z.B. eine zu kurze Bahn, mangelnde Hindernisfreiheit oder schlechtes Wetter entgegenstehen.

Bei einer Bahnlänge von 3000 bis 4000 m kann auf den lärmintensiven Einsatz der Schubumkehr bei der Landung weitgehend verzichtet werden. Liegen die genannten Voraussetzungen vor, kann die betreffende Flughafengesellschaft als Betreiber des Flughafens die Fluggesellschaften bitten, lärmmindernde Start- und Landeverfahren durchzuführen.

Eine weitere Möglichkeit zur Lärmreduzierung besteht darin, durch variieren von Steig- und Sinkraten, Geschwindigkeiten und der Flugzeugkonfiguration (Klappen, Fahrwerk) einen unter Lärmgesichtspunkten optimalen Flugzustand herauszufinden. Voraussetzung für solche Verfahren ist jedoch eine Entlastung der Cockpitbesatzung durch entsprechende Bordinstrumente und Flugleitsysteme. Da die Ausbreitung von bodennahem Lärm jedoch sehr stark von den örtlichen Gegebenheiten wie z.B. Bebauung, Berge und Wälder abhängt, ist es erforderlich, für jeden Flughafen spezifische Lärmverfahren zu entwickeln.

Festlegung verbindlicher Abflugwege: Um die Lärmbelastung der Flughafenanrainer so gering wie möglich zu halten, haben Flughäfen in dichtbesiedelten Gebieten verbindliche Abflugwege eingeführt. Diese wurden so gewählt, daß Wohngebiete nicht überflogen werden,

---

Abb. 14. Standard-Instrumenten-An- und Abflugstrecken des Frankfurter Flughafens. Bei der Festlegung der Flugstrecken wurde darauf geachtet, daß so wenig wie möglich bewohnte Gebiete überflogen werden. Zahlreiche Lärmmeßstellen rund um den Flughafen registrieren jede Flugbewegung.

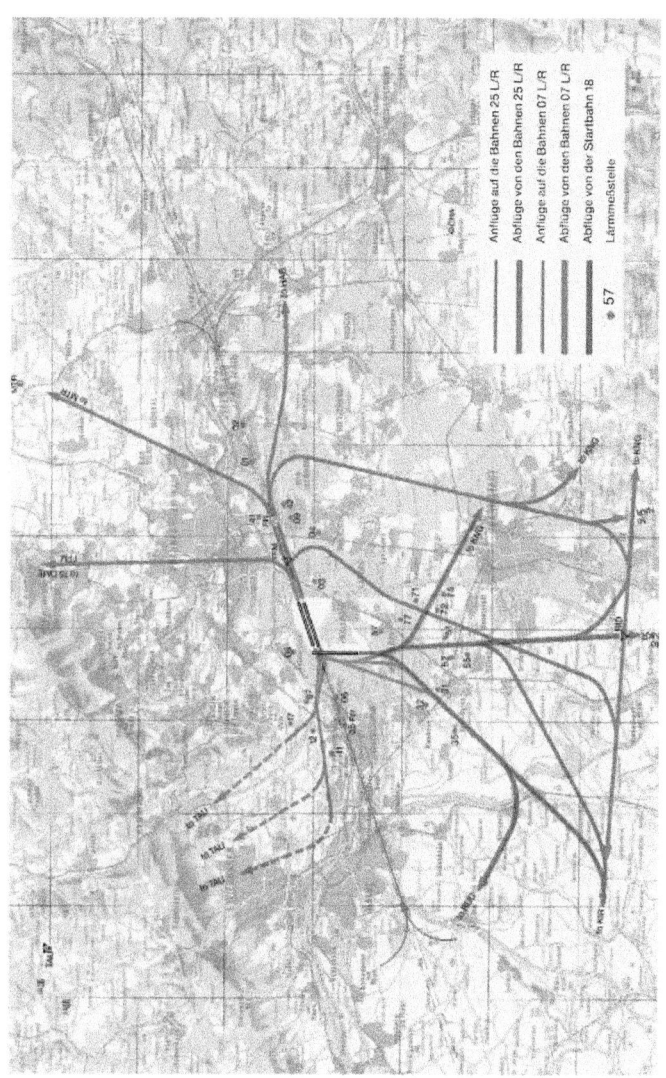

sofern das unter Berücksichtigung der Sicherheitsmaßnahmen fliegerisch möglich ist (Abb. 14). Auf Flughäfen mit verschiedenen Abflugrouten besteht auch die Möglichkeit, durch Verteilung der Abflüge eine Streuung und somit eine punktuelle Lärmminderung zu erzielen.

Die Einhaltung der Abflugwege überwacht in Deutschland die Deutsche Flugsicherung GmbH (DFS). Trotzdem ist für die korrekte Einhaltung einer zugewiesenen Flugroute ausschließlich der Pilot verantwortlich. Da es unter diversen Bedingungen (z.B. Windstärke, Abfluggewicht) nicht immer möglich ist, die Abflugwege korrekt einzuhalten, hat man um die Ideallinie herum Korridore eingerichtet.

Anhand einer Flugspurauswertung kann die DFS kontrollieren, ob sich ein Flugzeug außerhalb der Korridore bewegt hat oder die vorgegebenen Höhen nicht eingehalten hat. Liegt kein wichtiger Grund vor, drohen dem Piloten ein Ordnungswidrigkeitsverfahren und gegebenenfalls ein Bußgeld. Insbesondere der Zürcher Flughafen greift bei einer Abweichung von der Abflugroute hart durch. 1993 hat die dortige Flughafengesellschaft 175 Verfahren gegen Piloten eingeleitet und einen schwerwiegenden Verstoß an das Bundesamt für Zivilluftfahrt weitergeleitet.

Bei groben oder mehrfachen Verstößen kann dem Piloten außerdem die Anflugberechtigung entzogen werden. Ab einer Flughöhe von 1500 Metern bei Düsenflugzeugen und etwa 900 Metern bei Propellerflugzeugen entfällt die Bindung an Abflugwege. Ein Kurz- und Mittelstreckenflugzeug erreicht diese Höhe rund 15 km nach dem Start, ein vollbeladener Langstreckenjet nach gut 25 km.

Nachtflugbeschränkungen: Da nächtlicher Lärm als besonders störend empfunden wird, existieren auf zahlreichen Flughäfen Nachtflugbeschränkungen oder -verbote. Besonders auf großen, internationalen Airports ist es jedoch kaum möglich, den Flugbetrieb während den Nachtstunden ganz einzustellen. Internationale Abhängigkeiten und Zeitverschiebungen machen eine gewisse Anzahl von Nachtflügen unumgänglich.

Während in München zwischen 22.00 Uhr und 6.00 Uhr maximal 38 Flugbewegungen stattfinden dürfen, gibt es in Hamburg und anderen kleineren Flughäfen im deutschsprachigen Raum zwischen 23.00 Uhr und 6.00 Uhr ein generelles Flugverbot. Für verspätete Landungen sowie nächtliche Post- und Ambulanzflüge werden jedoch Ausnahmegenehmigungen erteilt.

Gebührenpolitik

Für erbrachte Dienstleistungen bei der Abfertigung von Passagieren und Flugzeugen sowie für die Bereitstellung von Betriebsflächen erheben die Flughafengesellschaften von den Fluggesellschaften Entgelte in Form von Lande- und Abfertigungsgebühren. Diese Gebühren stellen für die Verkehrsflughäfen eine der Haupteinnahmequellen dar.

Zwar haben die Flughafengesellschaften keine rechtlichen Möglichkeiten, ein Flugverbot für alte und dementsprechend laute Flugzeuge zu verhängen, doch können sie über eine gezielte Gebührenpolitik Fluggesellschaften dazu bewegen, leiseres Fluggerät einzusetzen, z.B. durch die Einführung einer Lärmkomponente bei den Landegebühren. Wie sich die Landegebühren auf vielen europäischen Flughäfen zusammensetzen, zeigt Abbildung 15.

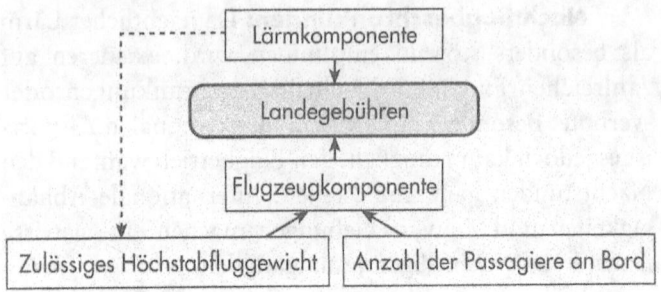

Abb. 15. Zusammensetzung der Landegebühren.

Die Einbeziehung einer Lärmkomponente in die Landegebühren erfolgt entweder direkt über einen Lärmzuschlag oder indirekt (wie z.B. in München) über die Festlegung des vom zulässigen Höchstabfluggewicht abhängigen Gebührenanteils. In beiden Fällen ist jedoch die Lärmzertifizierung des Flugzeuges nach ICAO-Anhang 16 maßgebend.

> In München wird beim Einsatz von Jets mit einer Einstufung in Kapitel 3 nur der Grundtarif für das entsprechende Höchstabfluggewicht berechnet. Bei Flugzeugen mit der Einstufung in Kapitel 2, erhöht sich der Grundtarif um einen Zuschlag in Höhe von 75%. Dieser Zuschlag steigt auf 100%, wenn das betreffende Flugzeug zwischen 22.00 Uhr und 6.00 Uhr landet. Jets ohne Lärmzulassung nach den ICAO-Vorschriften zahlen 300% des Normaltarifs. In Zahlen ausgedrückt bedeutet dies, daß für einen mit 150 Passagieren besetzten Airbus A320 (Kapitel 3-Zulassung) bei einer nächtlichen Landung in München (aus dem Ausland kommend) 3000 DM Landegebühren zu entrichten sind, während bei einer Boeing 707 (Kapitel 1-Zulassung) unter den gleichen Voraussetzungen knapp 10000 DM an Gebühren anfallen.

Wirtschaftlichkeitsberechnungen haben gezeigt, daß eine Amortisation der Kosten für den Einsatz von leisem Fluggerät nicht gegeben ist, wenn nur die möglichen Einsparungen bei den Landegebühren berücksichtigt werden.

Legt man die um 3,5 Millionen DM/Jahr höhere Leasinggebühr für eine moderne Boeing 737-500 gegenüber der B737-200 zugrunde, müßte die B737-500 im innerdeutschen Verkehr 13 und im grenzüberschreitenden Verkehr 10 Landungen am Tag absolvieren. Nur dann könnte über die Einsparung bei den lärmabhängigen Gebührenanteilen die anteilige Leasinggebühr ausgeglichen werden. Im täglichen Flugbetrieb ist es jedoch nicht möglich, die genannte Anzahl an täglichen Landungen zu erreichen.

Erst wenn die Einsparungen bei den Flugbetriebs- und Treibstoffkosten berücksichtigt werden, ist mit 8 bzw. 6 täglichen Landungen ein wirtschaftlicher Einsatz der B737-500 annähernd gegeben.

Künftig kann es also sinnvoll sein, innerhalb der Kapitel 3-Flugzeuge ebenfalls eine Gebührendifferenzierung vorzunehmen, um weitere Anreize für den Einsatz noch umweltverträglicherer Flugzeuge zu schaffen.

Einführung von Lärmkontingenten

Da die vielfach geäußerte Forderung nach einer Reduzierung von Flugbewegungen verkehrspolitisch und wirtschaftlich schwer durchsetzbar ist, muß nach anderen Lösungsansätzen gesucht werden, um den luftverkehrsbedingten Lärm einzudämmen. Eine denkbare Maßnahme könnte die Einführung von Lärmkontingenten sein. In Abhängigkeit der Flugfrequenzen sowie den spezifischen Lärmwerten der eingesetzten Flugzeuge soll jede Fluglinie für einen bestimmten Flughafen ein genau festgelegtes Lärmkontingent zugeteilt bekommen.

Bei der praktischen Umsetzung dieser Maßnahme sind jedoch bereits heute zahlreiche Schwierigkeiten und Unzulänglichkeiten erkennbar. Folgende Fragen können sich in diesem Zusammenhang ergeben:

- Welche generelle Lärmobergrenze soll gewählt werden?
- Welches Lärm-Meßverfahren soll zur Anwendung kommen?
- Welche neuen Bemessungsgrößen sollen als Ersatz für die bisherige Lärmklassifizierung (zu grobe Einteilung) eingeführt werden?
- Wie sollen die Lärmkontingente verwaltet werden?

Ob und wie die aufgeworfenen Fragen hinreichend beantwortet werden können, um die Einführung von Lärmkontingenten zu realisieren, ist gegenwärtig noch unklar.

Als Weiterentwicklung dieser Maßnahme ist es sogar denkbar, Lärmlizenzen auszugeben. Die Fluggesellschaften erwerben dabei das Recht, eine bestimmte Lärmmenge freizusetzen, indem sie eine Anzahl Emissionseinheiten zu einem Festpreis erwerben.

Führt man diesen Gedanken weiter, bestünde ferner die Möglichkeit, daß die lärmbelastete Bevölkerung durch den Aufkauf von Lizenzen ein gewisses Maß an Lizenzen bindet, und so zu einer aktiven Lärmreduzierung beiträgt.

5 Strahlenbelastung für die Flugreisenden

Als Belastung besonderer Art ist die Höhenstrahlung zu nennen, der Passagiere und Besatzungsmitglieder während eines Fluges bislang ungeschützt ausgesetzt sind. Das Besondere an dieser Belastung ist, daß nicht das Flugzeug als Transportmittel die Ursache für eine Gefährdung ist, sondern allein der Aufenthalt von Menschen in großen Höhen.

Erst in den letzten Jahren wird immer deutlicher, daß das Fliegen durch eine Strahlenbelastung potentielle Gefahren birgt, die bisher nicht abzuschätzen sind.

Bei der Höhenstrahlung handelt es sich um radioaktive Teilchen, die von der Sonne abgestrahlt werden. Besonders nach Sonneneruptionen, wenn Unmengen dieser Teilchen in den Weltraum hinausgeschleudert werden, trifft eine große Anzahl von ihnen auch auf die Erde. Dank der Filterwirkung der Atmosphäre erreicht jedoch nur ein sehr kleiner Teil der Strahlung die Erdoberfläche. Je höher man also kommt, desto geringer ist die Schutzwirkung der Atmosphäre, und die Strahlenbelastung nimmt zu.

Insbesondere Langstreckenflugzeuge steigen in große Höhen auf und verlassen über viele Stunden die unteren Atmosphärenschichten, wobei die Menschen in diesen Flugzeugen der kosmischen Strahlung ausgesetzt sind.

Inwieweit die aufgenommene Dosis zu Schädigungen beim Menschen führen kann, ist bislang noch nicht erforscht. Fest steht allerdings, daß die schnellen Neutronen- und die Hochenergie-Betastrahlung in der Lage sind, menschliche Eiweißstrukturen zu zerstören und die DNS-Moleküle in den Zellkernen zu schädigen. Veränderungen des Zellaufbaus und der hinterlegten Erbgutinformationen sind die Folge, was wiederum zu Krebs führen kann.

Einzelne Untersuchungen über das Auftreten von Krebs bei Piloten ergaben inzwischen, daß für diese Personengruppe tatsächlich ein erhöhtes Krebsrisiko besteht, obwohl durch die strenge gesundheitliche Auslese und den regelmäßigen Gesundheitschecks Piloten durchschnittlich gesünder sind als die übrige Bevölkerung.

Bei nur ein oder zwei Flügen pro Jahr sind mit an Sicherheit grenzender Wahrscheinlichkeit jedoch keine gesundheitlichen Folgen zu erwarten. Betroffen sind vielmehr die Flugzeugbesatzungen und Vielflieger, die fast täglich in großen Höhen unterwegs sind und somit mehrere hundert Stunden pro Jahr der Höhenstrahlung ausgesetzt sind.

Neben der natürlichen Höhenstrahlung geht eine weitere potentielle Gefahr von den bei modernen Flugzeugen eingesetzten Cockpit-Bildschirmen aus. Außerdem wird vermehrt radioaktive Fracht in Flugzeugen befördert. Inwieweit bezüglich dieser Gefahren eine ausreichende Abschirmung der Strahlen gegeben ist, bleibt dahingestellt.

Experten haben inzwischen herausgefunden, daß die Strahlenbelastung für Flugzeugbesatzungen und für vielfliegende Geschäftsleute um ein Mehrfaches höher ist, als der Durchschnitt von beruflich belasteten Menschen, die beispielsweise in Atomkraftwerken arbeiten. Für das fliegende Personal wird daher die Einführung von Grenzwerten angestrebt, die die Gefahr für die betroffenen Personen begrenzen soll.

Die Piloten-Vereinigung Cockpit e.V. hat deshalb einen Arbeitskreis Strahlenbelastung gebildet, der untersuchen soll, wie groß die Belastung durch kosmische Strahlung in Flugzeugen tatsächlich ist und welche Maßnahmen getroffen werden können, um sowohl die Besatzung als auch die Fluggäste zu schützen.

Wichtige Einzelmaßnahmen für einen wirksamen Strahlenschutz können demzufolge sein:

- Begrenzung auf jährlich 500 Flugstunden
- Individueller Streckeneinsatz, um z.B. eine extrem hohe Strahlenexposition durch den ständigen Einsatz auf Routen in großen geographischen Breiten zu vermeiden. (Höhenstrahlung nimmt, bezogen auf die gleiche Flughöhe, von den Polen zum Äquator hin ab)
- Ausweitung der fliegerärztlichen Untersuchungen, um eventuelle Strahlenschäden frühzeitig zu erkennen
- Ermittlung und Aufzeichnung der Strahlendosis für jedes Besatzungsmitglied
- Bordeigenes Meßgerät, wenn radioaktive Fracht befördert wird

6 Freier Flug in dicker Luft: das Flugzeug als Schadstoffemittent

Übersicht zur Umweltbelastung durch den Flugverkehr

Der Luftverkehr belastet die Umwelt in drei wesentlichen Bereichen. Zum einen ist dabei die Lärmentstehung startender und landender Flugzeuge zu nennen und zum anderen die Entstehung von Schadstoffen durch die Verbrennung von Treibstoff. Als dritter Punkt sind Belastungen auf Flughäfen aufzuführen, wie zum Beispiel der Einsatz chemischer Enteisungsmittel (Abb. 16), Abwasserverunreinigungen durch Schmiermittel und der Landverbrauch.

Ein wesentlicher Unterschied der Belastungsarten besteht in ihrer Wirksamkeit. Die Lärmemission tritt fast ausschließlich lokal auf und die Auswirkungen können sich, ebenso wie die landschaftlichen Veränderungen im Flughafenumfeld, unmittelbar auf das Wohlbefinden der Flughafenanwohner auswirken.

Eine gewisse Sonderstellung nimmt die Strahlenbelastung in Flugzeugen ein. Diese potentielle Gefahr entsteht nur durch die Tatsache, daß sich der Mensch mit Hilfe von Flugzeugen in Höhen begibt, in denen die

Abb. 16. Für die Enteisung von Flugzeugen gibt es auf dem Münchner Flughafen eine stationäre Anlage. Während das Flugzeug steht, bewegt sich die Enteisungsanlage langsam über den Jet und besprüht diesen mit einem Heißwasser-Glykol-Gemisch.

kosmische Strahlung erheblich intensiver ist als auf der Erdoberfläche.

Ganz anders dagegen die Schadstoffbelastung. Sie wirkt sich über die Veränderung der Umwelt eher längerfristig und mittelbar aus, wobei auch eine gewisse zeitliche Verzögerung (time-lag) zu berücksichtigen ist. Ein weiteres Problem der Schadstoffe ist deren globale Verteilung. Das heißt, daß Schadstoffe, die beispielsweise in Europa freigesetzt werden, auch zu einer Klimaänderung in Australien führen können.

Auffallend hoch ist die Schadstoffkonzentration über dem Nordatlantik. Dies läßt sich dadurch erklären, daß im sogenannten *North Atlantic Flight Corridor* täglich weit über 1000 Flugzeuge zwischen Europa und Nordamerika unterwegs sind. Der Flugkorridor erstreckt sich in einer Höhe von 31000 bis 39000 Fuß und verläuft zwischen dem 49. und 62. Breitengrad (nördliche Breite).

Wegen der besonderen Windverhältnisse über dem Nordatlantik finden Flüge von Ost nach West, also von Europa nach Nordamerika grundsätzlich im nördlichen

Bereich des Korridors statt, während Flugzeuge die nach Europa unterwegs sind, den südlichen Bereich befliegen.

Betrachtet man das Volumen des Flugkorridors, so lassen sich die Abmessungen mit den Maßen 1000 km x 5000 km x 2 km angeben.

Bei einer mittleren Luftdichte von 0,35 kg/m^3 ergibt sich somit für den North Atlantic Flight Corridor ein Anteil von 0,07% an der Gesamtmasse der Erdatmosphäre.

Aus dieser Berechnung folgt, in Abhängigkeit von Flugbewegungen und Verweildauer im Flugkorridor, daß allein im Nordatlantikverkehr rund 6% des weltweit benötigten Flugkraftstoffs verbraucht werden. Eine Häufung von Schadstoffen in diesem Bereich ist die Folge. Berücksichtigt man die ersten Auswertungen des Mozaic-Programms (s. S. 159), so wird ein großer Teil des über dem Nordatlantik benötigten Kerosins in der unteren Stratosphäre verbrannt. In diesem Zusammenhang wird auch deutlich, welch große Bedeutung der Atmosphärenchemie und der Erforschung von atmosphären Strömungen beizumessen ist.

> Da der Luftverkehr nur mit einem verhältnismäßig geringen Anteil am gesamten Schadstoffausstoß beteiligt ist, liegt das Problem vielmehr darin, daß diese Stoffe hauptsächlich in großen Höhen emittiert werden.

Tabelle 10 verdeutlicht, mit welchem Anteil die verschiedenen Verursacher in Deutschland für den Ausstoß der wichtigsten Schadstoffe verantwortlich sind.

Tabelle 10. Schadstoffanteile in Deutschland (alte Bundesländer) nach Verursacher.

	Stickoxid NO_x	Kohlenmonoxid CO	Schwefeldioxid SO_2	Kohlendioxid CO_2
Straßenverkehr	58,4%	67,9%	4,1%	18,1%
Kraft- und Fernheizwerke	12,9%	0,6%	29,5%	35,0%
Industrie	9,8%	18,3%	40,1%	22,8%
Haushalte	4,2%	9,5%	13,4%	19,4%
übriger Verkehr	12,3%	2,8%	11,5%	2,9%
ziviler Luftverkehr	2,4%	0,9%	0,4%	1,8%

Auswirkungen des Luftverkehrs auf die einzelnen Atmosphärenschichten

Die Atmosphäre stellt im Vergleich zu den Dimensionen des festen Erdkörpers nur eine sehr dünne Gasschicht dar. Mehr als 90% ihrer Masse befinden sich in den unteren 8 bis 15 km. In dieser Schicht, der sogenannten Troposphäre, spielt sich außerdem das gesamte Wettergeschehen ab (Abb. 17). Darüber hinaus kann die Atmosphäre in zahlreiche weitere Bereiche eingeteilt werden. Die einzelnen Schichten bezeichnet man als Sphären, während die Grenzen dazwischen Pausen genannt werden (Abb. 18). In mittleren Breiten befindet sich die Tropopause, also die Schicht der Atmosphäre, die das gesamte Wettergeschehen von der Stratosphäre trennt, in einer Höhe von ca. 10 km.

An den Polen dagegen beginnt die Tropopause je nach Jahreszeit schon in 6–8 Kilometern Höhe, am Äquator befindet sie sich zwischen 16 und 18 km Höhe. Da oberhalb der Tropopause eine wetterbedingte Durchmi-

Abb. 17. Sonnenaufgang zwischen zwei Wolkenschichten. Das Fliegen bietet immer wieder auch faszinierende Momente.

schung der Atmosphäre nicht mehr stattfindet, nimmt die vom Luftverkehr ausgehende potentielle Gefahr mit zunehmender Breite (Nähe zu den Polen) drastisch zu.

> Die physikalischen und chemischen Zusammenhänge in der Atmosphäre sind bis heute noch weitgehend unerforscht. Fundierte wissenschaftliche Aussagen zur Beeinträchtigung der Atmosphäre durch den Luftverkehr stehen daher weitestgehend noch aus.
> Als sicher gilt jedoch die Tatsache, daß der Flugverkehr, der zum Großteil in Höhen von 10–12 Kilometern stattfindet, dort der alleinige Schadstoffemittent ist.

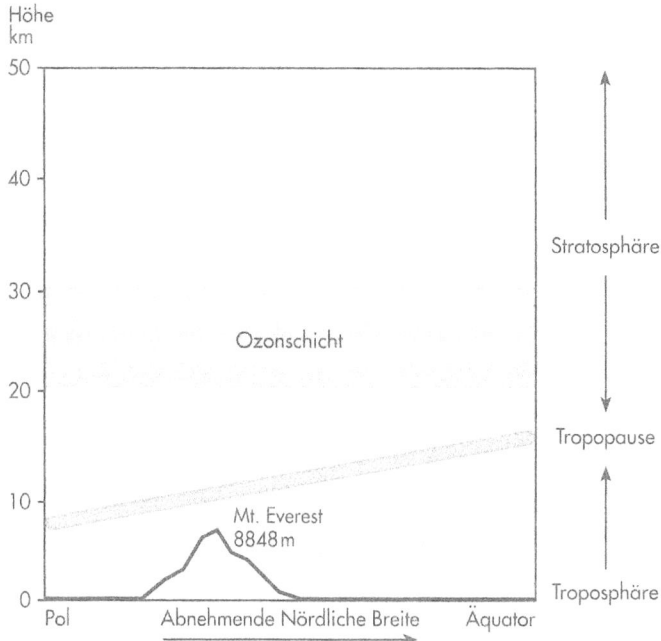

Abb. 18. Aufbau der Atmosphäre.

Um die Vorgänge in der gesamten Erdatmosphäre zu verstehen, ist es wichtig, die Aufgaben und Merkmale der einzelnen Atmosphärenschichen zu kennen.

Troposphäre: Weltumspannende Windsysteme mit Hoch- und Tiefdruckgebieten, Kalt- und Warmfronten sowie tropischen Wirbelstürmen charakterisieren das Wettergeschehen in der Troposphäre.

Diese Wetterkomponenten bewirken im Zusammenspiel mit dem Wasserkreislauf (Verdunstung→Wolkenbildung→Niederschlag) zahlreiche Austauschprozesse innerhalb der Troposphäre. Warme Luftmassen vom Äquator gelangen dadurch immer wieder in gemäßigte Breiten und werden bis in die Polargebiete transportiert.

Ohne diesen Austausch wäre es am Äquator noch heißer und an den Polen noch kälter.

> Der Austauschprozeß in der Troposphäre stellt den wichtigsten Reinigungsprozeß innerhalb der gesamten Erdatmosphäre dar. Insbesondere kleinere Partikel und wasserlösliche Gase kann der Niederschlag in kurzer Zeit auswaschen, die Verweildauer dieser Stoffe in der Troposphäre beträgt daher nur wenige Tage bis Wochen. Es gibt jedoch Substanzen, die allein durch Niederschläge nicht ausgewaschen werden, sondern erst durch chemische Umwandlungsprozesse aus der Troposphäre entfernt werden können und sich demnach sehr lange dort aufhalten.

Während die Winde dafür sorgen, daß die atmosphärischen Bestandteile gleichmäßig über die gesamte Hemisphäre verteilt werden, sind die Vorgänge, die Substanzen umwandeln oder binden, in bezug auf Raum und Zeit sehr variabel. Je nach Art des Stoffes kann die globale Verteilung daher von einer Gleichverteilung abweichen und bis zu zwei Jahre dauern.

Konkret bedeutet dies, daß langlebige Schadstoffe homogen über die ganze Troposphäre verteilt sind, bevor sie abgebaut werden können. Die atmosphärische Lebensdauer von Spurengasen variiert je nach Element sehr stark, wie Abbildung 19 verdeutlicht.

Die Temperatur nimmt in der Troposphäre bis auf eine Höhe von ca. 11000 m je 1000 Höhenmeter linear um 6–7°C ab. Geht man von einer durchschnittlichen Temperatur von +15° C am Boden aus, fällt die Temperatur in 11000 m Höhe auf -56°C.

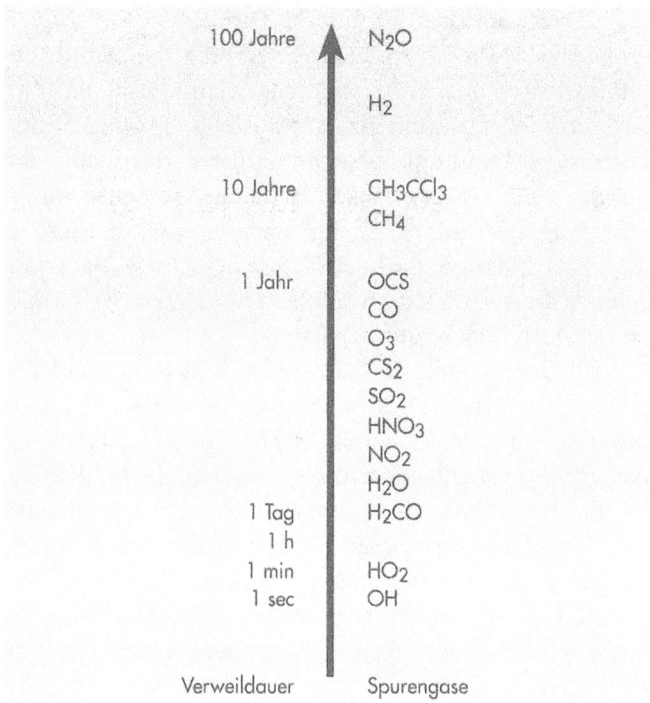

Abb. 19. Atmosphärische Verweildauer von Spurengasen im Vergleich.

Tropopause: In der Grenzschicht zwischen Troposphäre und Stratosphäre liegt die Temperatur am Äquator bei etwa 80° C und steigt zu den Polen hin auf durchschnittlich 50° C an. Da die Tropopause wie eine Sperrschicht für das Wettergeschehen wirkt, wird sie gelegentlich im Sommer sichtbar, wenn hochaufragende Gewitterwolken an diese Schicht stoßen, dadurch nicht weiter wachsen können und die charakteristische Amboßform bilden.

Stratosphäre: Im unteren Bereich der Stratosphäre, in einer Höhe bis zu 20 km, bleibt die Temperatur mit -50 bis -60° C relativ konstant. Danach nimmt die Temperatur wieder zu und erreicht mit 0° C in rund 50 km Höhe ein Maximum. Ursache dafür ist das Ozon, das durch seine Filterwirkung schädigende ultraviolette Strahlung absorbiert, dadurch Energie aufnimmt und so die Stratosphäre erwärmt. Weitere Schichten der Atmosphäre, die sich in 50 km Höhe anschließen, haben keinerlei Einfluß mehr auf das Klima.

Bedingt durch die Temperaturschichtung und den fehlenden Einfluß des Wetters findet in der Stratosphäre nur eine horizontale Durchmischung statt. Lediglich aus den Tropen gelangen Schadstoffe auch in die Stratosphäre, da hier effektive Aufwärtsströmungen vorhanden sind. Der Transport dieser Stoffe in Höhen bis zu 30 km dauert etwa 4 Jahre. Je nach geographischer Breite sind erneut 3 bis 4 Jahre erforderlich, bis die Stoffe an anderer Stelle wieder abgesunken und aus der Atmosphäre entfernt sind.

> Für Schadstoffe, die sich im untersten Bereich der Stratosphäre, also direkt über der Tropopause befinden, wird mit einer Verweildauer von einem Jahr gerechnet, bevor die Stoffe in die Troposphäre absinken und ausgewaschen werden.
>
> Das bedeutet also, daß fast der gesamte Flugverkehr (Reiseflug) in der Tropopause oder im unteren Bereich der Stratosphäre bei einem Temperaturminimum von -56° C abgewickelt wird. Die freigesetzten Schadstoffe bleiben durchschnittlich rund ein Jahr in der Atmosphäre. Lediglich jahreszeitliche Schwankungen sowie die Nähe zu den Polen oder zum Äquator bewirken dabei eine leichte Verschiebung.

Tabelle 11. Chemische Zusammensetzung der Atmosphäre.

Stickstoff	NO_2	78,080%
Sauerstoff	O_2	20,950%
Argon	Ar	0,940%
Kohlendioxid	CO_2	0,035%

Die Wirkungsweise von luftfahrtbedingten Schadstoffemissionen wird neben den Austauschprozessen in den einzelnen Atmosphärenschichten auch stark von den verschiedenen Bestandteilen beeiflußt, aus denen sich die Atmosphäre chemisch zusammensetzt (Tabelle 11).

Neben diesen Stoffen kommt in der Atmosphäre auch natürlicher Wasserdampf vor. Außerdem gibt es noch eine ganze Reihe von Spurengasen, die jedoch eine sehr geringe Konzentration aufweisen (vgl. Abb. 19).

Trotz ihrer geringen Konzentration können Spurengase Einfluß auf klimatische und biologische Prozesse nehmen. Als wichtigstes Spurengas ist in diesem Zusammenhangi das Ozon, das je nach Aufenthaltsort eine unterschiedliche Bedeutung hat.

Die stratosphäre Ozonschicht (Höhenbereich 20–30 Kilometer, vgl. Abb. 18) wirkt als UV-B-Filter und schützt dadurch die Erdoberfläche vor kurzwelliger Strahlung und verhindert, daß Zellen in lebenden Organismen geschädigt werden. Ganz anders wirkt sich dagegen das Ozon in der Troposphäre aus, da es dort schon in geringen Mengen giftig ist.

Um die Atmosphärenforschung in puncto Wirkungsweise von Flugzeugemissionen voranzubringen, ist eine enge Zusammenarbeit mit den Triebwerksherstellern notwendig.

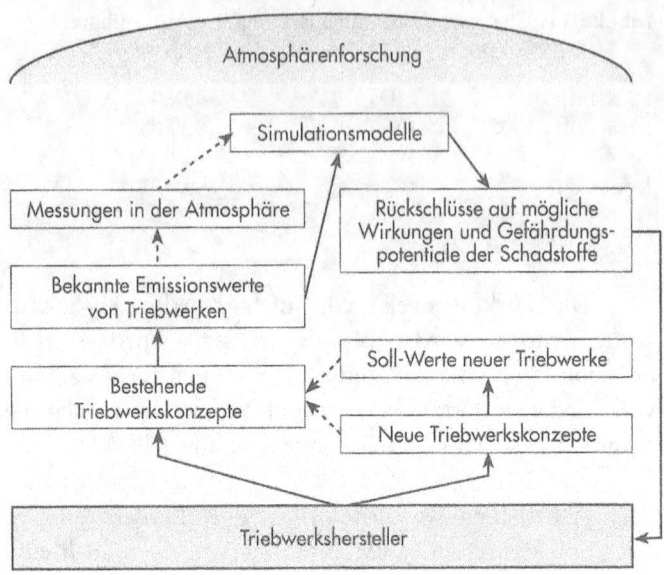

Abb. 20. Wechselspiel zwischen Atmosphärenforschung und Triebwerkshersteller.

Art und Umfang der Triebwerksemissionen müssen den Atmosphärenforschern für jeden Betriebszustand zur Verfügung gestellt werden, um wirklichkeitsnahe Ergebnisse bei Simulationsmodellen zu erhalten. Umgekehrt sind die Triebwerkshersteller auf fundierte Forschungsergebnisse der Wissenschaftler angewiesen, damit Gefährdungspotentiale der einzelnen Schadstoffe bei Neuentwicklungen und Innovationen von Triebwerken entsprechend berücksichtigt werden können.

Das gegenseitige Wechselspiel zwischen Atmosphärenforschern und Triebwerksherstellern zeigt Abbildung 20. Die gestrichelten Verknüpfungspfeile stellen in diesem Zusammenhang Varianten bzw. Nebeneinflüsse dar.

Treibstoff Kerosin

Chemische Zusammensetzung von Kerosin

Die Wirkung der einzelnen Schadstoffe ist neben dem Ort der Emission (Atmosphärenschicht) auch abhängig von der Art des Treibstoffes.

Für alle düsengetriebenen Verkehrsflugzeuge wird als sogenannter Turbinenkraftstoff Kerosin eingesetzt. Dagegen wird Flugbenzin für Propellerflugzeuge benötigt. Kerosin wird als fossiler Energieträger neben Benzin, Heizöl und Bitumen durch einen Destillationsprozeß aus Erdöl gewonnen. Als Rohöl können nur bestimmte Sorten verwendet werden, wobei der Abspaltungsprozeß bei einer Temperatur von rund 200°C vonstatten geht.

Zu einem Großteil besteht Kerosin aus verschiedenen Kohlenwasserstoffverbindungen. Um Kerosin jedoch als hochwertigen Flugkraftstoff verwenden zu können, müssen noch zahlreiche Zusätze beigemischt werden.

Zunächst sind hier Phenol-Verbindungen und Metall-Desaktivatoren zu nennen, die eine Harzbildung verhindern sollen. Weiterhin werden verschiedene Salze, sogenannte Antistatik-Additive, beigemischt, die eine Reduzierung des elektrischen Widerstands von Kerosin bewirken und so einer elektrostatischen Aufladung vorbeugen, die beim Betanken der Flugzeuge auftreten kann. Als weitere Zusätze kommen schließlich noch Vereisungsverhinderer und Rostschutzmittel hinzu. Was beim Verbrennen von Kerosin allerdings mit den diversen Zusätzen geschieht, ist bis heute noch gänzlich unerforscht.

Das Kerosin kann auch mit sehr geringen Mengen Unkraut-Vernichtungsmittel verunreinigt werden, das bei Reinigungsarbeiten der Flugzeugtanks zurückbleibt. Allerdings kann dadurch verhindert werden, daß sich an

Tabelle 12. Kraftstoffsorten und ihre Merkmale im Vergleich.

	Einheit	Flug-benzin	Turbinen-kraftstoff	Otto-Kraftstoff	Diesel-Kraftstoff
Kraftstoffsorte:		OKTAN 91/96	Kerosin	Super (verbleit)	Diesel
Merkmale:					
Siedetemperatur	°C	75-175	160-250	30-181	177-356
spezifisches Gewicht	kg/dm³	0,72	0,79	0,75	0,83
Heizwert	kJ/kg	43260	42630	43900	43350
Bleigehalt	g/l	0,3-0,9	–	0,15	–
Schwefelgehalt	%	0,05	max. 0,2	0,025	0,20
max. Aromatengehalt	%	25	20	40	30

feinen Wassertröpfchen (diese bleiben bei Reinigungsarbeiten der Flugzeugtanks gelegentlich zurück) Pilze ansiedeln, die zu einer Verstopfung der Kerosinfilter und damit zu einem Triebwerksausfall führen könnten.

Was beim Verbrennen von Kerosin mit den diversen Zusätzen geschieht, ist bis heute noch völlig unerforscht. Unter Berücksichtigung von wichtigen Merkmalen können verschiedene Kraftstoffe vergleichend dargestellt werden (Tabelle 12).

Insgesamt betrachtet ist das Kerosin ein sehr komplexes Gemisch der unterschiedlichsten chemischen Verbindungen. Der Gefrierpunkt des Treibstoffes liegt bei

-47°C (wird während des Reiseflugs durch Reibungswärme erhitzt) und der Flammpunkt bei +42°C. Das spezifische Gewicht von Kerosin beträgt bei Raumtemperatur 0,79 kg/l.

An die Qualität von Kerosin müssen aus Sicherheitsgründen also sehr hohe Anforderungen gestellt werden. Dabei ist es auch wichtig, möglichst überall auf der Erde Kerosin von ähnlich hochwertiger Qualität zur Verfügung zu haben. Darum ist sowohl die Zusammensetzung als auch die Qualität international einheitlich geregelt. Einerseits können die Triebwerke dadurch verbrauchsgünstiger arbeiten und andererseits erhöhen weniger Triebwerksausfälle durch verunreinigtes und minderwertiges Kerosin die Sicherheit beim Flugverkehr.

Aus Wettbewerbsgründen ist es daher politisch auch kaum durchsetzbar, eine Steuer auf Flugtreibstoffe zu erheben. Lediglich bei Treibstoffmengen, die für Inlandsflüge benötigt werden, erheben einige Staaten Steuern. Trotzdem unterliegen die Treibstoffpreise auf dem internationalen Markt teils starken Schwankungen, wobei je nach Marktlage zwischen 0,10 DM und 0,30 DM/Liter Kerosin zu zahlen sind.

Interessant ist in diesem Zusammenhang, daß der Rohölpreis auf dem Weltmarkt, umgerechnet auf einen Liter, teils über dem Verkaufspreis von Kerosin liegt.

Welche Faktoren bestimmen den Treibstoffverbrauch?

Neben der Betrachtung von absoluten Verbräuchen und deren Entwicklung soll nun erläutert werden, wovon der Treibstoffverbrauch, abgesehen vom Typ und Baujahr der Triebwerke, sonst noch abhängt. Als weitere entscheidende Einflußfaktoren sind daher zu nennen:

Flugzeugkonfiguration: Unter der Flugzeugkonfiguration versteht man den äußeren Zustand eines Flugzeuges. So spricht man beispielsweise von der Landekonfiguration, wenn das Fahrwerk und die Landeklappen ausgefahren sind.

Die Abhängigkeit des Treibstoffverbrauchs kann grundsätzlich analog zur Geräuschentwicklung gesehen werden. Konkret bedeutet dies, daß jede Zunahme des Luftwiderstandes mit einem Mehrverbrauch an Kerosin verbunden ist. Ausgefahrene Klappen und Fahrwerk wirken sich in diesem Zusammenhang besonders negativ aus. Daher wird versucht, insbesondere beim Landeanflug und während der Warteschleifen (Holding) die Reiseflug-Konfiguration des Flugzeuges so lang wie möglich beizubehalten, um einen unnötigen Treibstoffverbrauch mit entsprechenden Kosten zu vermeiden.

Abb. 21. Kurz nach dem Start ist das Fahrwerk dieser Boeing 747-400 noch nicht eingefahren. Deutlich erkennbar ist ebenfalls das ausgefahrene Klappensystem, das bei Start und Landung auch bei einer relativ geringen Fluggeschwindigkeit den nötigen Auftrieb sicherstellt.

Allein durch ein spätmöglichstes Ausfahren der Klappen während des Landeanflugs können, so schätzt die Lufthansa, bis zu 150 Liter Kerosin pro Landung eingespart werden. Beim Start kann jedoch auf den Mehrverbrauch der ausgefahrenen Klappen keine Rücksicht genommen werden, da diese für den erforderlichen Auftrieb unbedingt notwendig sind. (Abb. 21).

Maximales Abfluggewicht: Aus Sicherheits- und Leistungsgründen ist das Abfluggewicht eines jeden Flugzeugtyps beschränkt. Das Abfluggewicht ist jedoch von vielen Faktoen abhängig, die nicht alle beeinflußbar sind (Abb. 22).

Ziel der Hersteller ist es, das Leergewicht von Flugzeugen so niedrig wie möglich zu halten. So kann man unter Berücksichtigung des maximalen Abfluggewichts, eine möglichst große Zuladung (Nutzlast) erhalten.

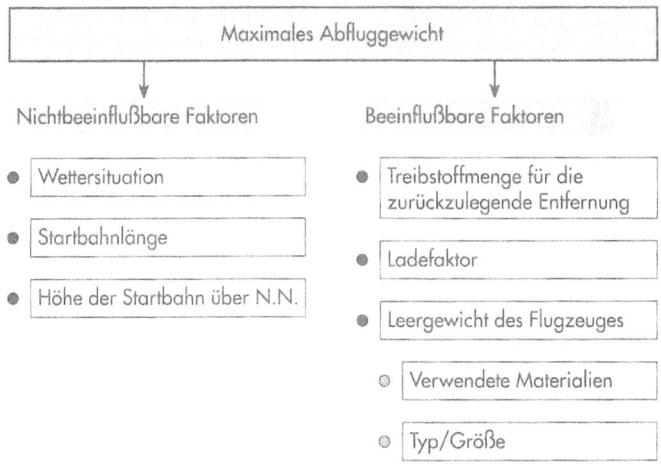

Abb. 22. Einflußgrößen auf das maximale Abfluggewicht.

Um das zu erreichen, kommen im modernen Flugzeugbau vermehrt Verbundwerkstoffe auf der Basis von Kohlefasern und Aramid zur Verwendung. Sie sind erheblich leichter als Metall und besitzen die Festigkeit von Stahl. Auch der Einsatz von Elektronik spart Gewicht. Die elektronische *Fly-by-wire-Steuerung* des Airbus A320 ist beispielsweise um 350 kg leichter, als eine herkömmliche hydraulische Verbindung zwischen Steuerknüppeln und Rudern.

Die jeweilige Wettersituation ist ein weiterer wichtiger Bestimmungsfaktor für das maximale Abfluggewicht. Zuerst ist hier die Luftdichte zu nennen, die mit steigender Lufttemperatur entsprechend abnimmt. Dadurch verringert sich neben dem Auftrieb auch der Wirkungsgrad der Triebwerke. Beim Start eines Flugzeuges verlängert sich bei einer hohen Lufttemperatur daher die Startrollstrecke, was besonders bei kürzeren Bahnen zu einer Gewichtsbeschränkung, besonders bei Langstreckenflugzeugen, führen kann.

Steigt der Luftdruck an, nimmt damit die Luftdichte ebenfalls zu. Beim Airbus A300 ermöglicht beispielsweise jede Zunahme des Luftdrucks um ein Hektopascal eine weitere Zuladung von 150 kg.

Bedingt durch die Tatsache, daß Treibstoff auf verschiedenen Flughäfen zu unterschiedlichen Preisen angeboten wird, versuchen die Fluggesellschaften, ihre Flugzeuge auf einem möglichst günstigen Flughafen vollzutanken. Wegen des zusätzlichen Gewichts erhöht sich dadurch zwangsläufig auch der Treibstoffverbrauch. Obwohl dieses Verhalten betriebswirtschaftlich durchaus Sinn macht, ist es aus ökologischer Sicht zweifellos schädlich.

Reisegeschwindigkeit: Der Treibstoffverbrauch variiert sehr stark mit der Geschwindigkeit, mit der sich das Flugzeug bewegt. Die übliche Reisegeschwindigkeit von Jets reicht dabei von 795 km/h einer Boeing 737-500 bis zu 920 km/h einer Boeing 747.

Üblicherweise wird die Geschwindigkeit in der Luftfahrt in Mach angegeben, wobei 1 Mach (1,0 M) der Schallgeschwindigkeit entspricht. Die Machzahl drückt daher das Verhältnis aus zwischen Fluggeschwindigkeit und Schallgeschwindigkeit. Ein kleines Beispiel soll dies veranschaulichen:

> Angenommen, der Schall legt in einer Stunde 1100 km zurück und ein Flugzeug bewegt sich mit einer Reisegeschwindigkeit von 880 km/h, so wird diese mit Mach 0,8 (0,8 M) angegeben. Das Flugzeug fliegt in diesem Beispiel also mit der 0,8-fachen Schallgeschwindigkeit.
> Die Schallgeschwindigkeit ist nicht immer gleich hoch, denn die vom Schall in einer Stunde zurückgelegte Entfernung ist abhängig von der jeweiligen Lufttemperatur. So beträgt die Schallgeschwindigkeit z.B. bei +20° C etwa 1240 km/h und bei -50° C noch rund 1080 km/h.

Instandhaltung von Triebwerken: Optimal gewartete und eingestellte Triebwerke tragen mit zu einem möglichst geringen Treibstoffverbrauch während des Fluges bei. Moderne Computersysteme machen es möglich, schleichende Leistungseinbußen und Defekte der Triebwerke bereits zu erkennen und zu lokalisieren, noch bevor sie sich im Flugbetrieb auswirken.

Dazu sammelt ein Bordcomputer in regelmäßigen Abständen wichtige Leistungsdaten und Parameter der Triebwerke. Diese werden teilweise noch während des Fluges via Datalink zur Wartungszentrale der Fluggesellschaft gesendet oder direkt nach der Landung ausgewertet.

Läuft beispielsweise ein Fan nicht mehr rund, gibt der Computer bereits Hinweise, an welchen Luftschaufeln ein Ausgleichsgewicht anzubringen ist, um die Vibrationen zu vermeiden. So kann man nicht nur unnötige Probestandläufe vermeiden, sondern auch Treibstoff einsparen.

Strömungsverhalten bei Flugzeugen: Ein weiterer Ansatzpunkt zur Reduktion des Treibstoffverbrauchs beim Flugbetrieb bietet sich unabhängig von den eingesetzten Triebwerken bereits bei der Entwicklung von Flugzeugen. Neue Erkenntnisse auf dem Gebiet der Strömungslehre lassen auf eine weiter verbesserte Aerodynamik künftiger Flugzeuggenerationen hoffen.

Unter dem Stichwort Laminarisierung sind inzwischen vielversprechende Versuche angelaufen. Bei einer laminaren Strömung geht es unter physikalischen Gesichtspunkten darum, eine reibungsarme Schichtströmung entlang von Zelle, Leitwerk und Tragflügel zu erreichen, damit die unterschiedlichen Luftgeschwindigkeiten nicht durch einen turbulenten Austausch mit einem hohen Widerstand ausgeglichen werden.

Die Geschwindigkeitsdifferenz zwischen der quasi unbewegten Luft und dem sich fortbewegenden Flugzeug (entspricht in etwa der Fluggeschwindigkeit) muß in einer nur wenige Millimeter dicken Grenzschicht ausgeglichen werden.

> Versuche wurden bereits unternommen, die Oberflächenstruktur der Haut schneller Haifischarten nachzubilden und in Form einer dünnen Folie auf ein Flugzeug aufzukleben. Als weitere Möglichkeiten, die aerodynamischen Flugzeugeigenschaften zu verbessern, stehen zur Diskussion, die Grenzschicht einfach abzusaugen oder eine strömungsgünstigere Formgebung, insbesondere der Flügel, zu finden. Schätzungen gehen bei einer Realisierung dieser Konzepte je nach Flugzeugmuster von einer Treibstoffeinsparung bis zu 2% aus.

Tabelle 13. Flugbetriebsplan einer Boing 747-400.

Flugzeuggewicht:	60% MTOW[1]	75% MTOW	90% MTOW
Reisegeschwindigkeit: Optimum[2] = 100%	FL410	FL350	FL310
M = 0,75	101,1% FL390	101,4% FL330	101,7% FL290
M = 0,80	98,9% FL390	99,6% FL350	99,8% FL290
M = 0,84	98,8% FL410	99,4% FL350	99,2% FL310
M = 0,85	99,3% FL410	99,6% FL350	99,8% FL310
M = 0,86	100,0% FL410	100,5% FL350	100,6% FL310
M = 0,88	108,1% FL390	110,9% FL350	108,6% FL310

[1] Maximal Take Off Weight (Maximales Startgewicht)
[2] Optimaler Treibstoffverbrauch basierend auf Gewicht und Flughöhe (< 100 → Minderverbrauch, > 100 → Mehrverbrauch)

Da beim Reiseflug sowohl die Flugzeugkonfiguration als auch die Triebwerkswartung und das Strömungsverhalten unter den gegebenen Umständen als optimal bezeichnet werden kann, ist der Treibstoffverbrauch während dieses Flugzustandes lediglich abhängig vom maximalen Abfluggewicht und der Geschwindigkeit.

Wegen der mit zunehmender Höhe geringer werdenden Luftdichte und einer damit einhergehenden Verringerung des Widerstandes gilt der Grundsatz, daß ein Flugzeug um so weniger Kraftstoff benötigt, je höher es fliegt. Dieser Grundsatz wird allerdings dahingehend durchbrochen, daß es für ein Flugzeug bei voller Nutzlast nicht immer möglich ist, die verbrauchsgünstigste Flughöhe zu erreichen, da die maximal mögliche Geschwin-

Tabelle 14. Abhängigkeit zwischen maximalem Abfluggewicht und durchschnittlichem Treibstoffverbrauch einzelner Flugzeuge.

Flugzeugtyp und Serie:	Durchschnittsverbrauch in Litern/h	Maximales Abfluggewicht in t	Durchschnittsverbrauch pro Stunde und Tonne in l
B747-400	12350	385,6	32,03
B747-200	13750	377,8	36,39
DC-10-30	10350	251,8	41,10
A340-200	7500	253,5	29,59
A300-600	6600	165,0	40,00
A310-300	5400	153,0	35,29
A320-200	2850	73,5	38,78
B737-300	2650	56,5	46,90
B737-400	2850	62,8	45,38
B737-500	2500	54,4	45,96

digkeit unter Umständen nicht ausreicht, um den nötigen Auftrieb und damit eine stabile Fluglage zu gewährleisten. Belange der Flugsicherung können einer möglichst großen Flughöhe ebenfalls entgegenstehen.

Die in der Luftfahrt für die Flughöhe verwendete Einheit ist das Fuß und wird als Flight Level (FL) zu je 100 Fuß angegeben. FL 350 entspricht also eine Höhe von 35000 Fuß (ca. 10700 Meter).

Der Flugbetriebsplan (Aircraft Operational Manual) einer Boeing 747-400 (Tabelle 13) weist unter anderem in einer Matrix aus, welche Geschwindigkeit gewählt werden sollte, um bei gegebenem Gewicht und Flughöhe optimale Verbrauchswerte zu erzielen.

Aus den wie am Beispiel der B747-400 dargestellten Werten und Abhängigkeiten ergibt sich ein bestimmter Lastzustand der Triebwerke. Unter Berücksichtigung aller genannten Faktoren läßt sich für jeden Flugzeugtyp ein durchschnittlicher Treibstoffverbrauch pro Stunde im Reiseflug angeben. Zum Großteil resultiert der Verbrauch jedoch aus der geleisteten Transportarbeit (maximales Abfluggewicht und zurückgelegte Strecke). Um eine gewisse Vergleichbarkeit zu ermöglichen, ist das Abfluggewicht in Tabelle 14 als Bezugsgröße angegeben.

Kennt man die Verbrauchswerte der einzelnen Flugzeuge läßt sich berechnen, welcher Treibstoffanteil pro 100 Kilometer zurückgelegter Strecke auf jeden Passagier entfällt. Auf der Basis dieser Werte können nun Vergleichsrechnungen mit anderen Verkehrsträgern wie der Bahn oder dem PKW durchgeführt werden.

> Der mit verbrauchsgünstigen Triebwerken ausgestattete Airbus A310-300 benötigt im Reiseflug etwa 5400 Liter Treibstoff pro Stunde (vgl. Tabelle 14). Der Jet bietet selbst bei einer Drei-Klassen-Bestuhlung rund 180 Passagieren Platz (Linienverkehr) und legt in einer Stunde 840 km zurück. Geht man von einer durchschnittlichen Auslastung von 65% aus, entfallen auf eine Strecke von 100 km 5,5 Liter Kerosin auf jeden Passagier. So betrachtet, verbrauchen die Passagiere an Bord dieses Flugzeuges ungefähr die gleiche Menge Kraftstoff, die sie bei der Fahrt mit einem sparsamen PKW benötigen würden.

Der Energie- und Leistungsbedarf der Verkehrsträger Auto, Bahn und Flugzeug ist unter Einbeziehung der geleisteten Transportarbeit in Tabelle 15 dargestellt.

Der dargestellte Vergleich bezieht sich auf das Kurz- und Mittelstreckenflugzeug Airbus A320-200 und somit auf den sogenannten Kurzstreckenverkehr. Was die Energieeffizienz betrifft, ist das Flugzeug durchaus mit den Verkehrsträgern Bahn und PKW konkurrenzfähig. Sobald jedoch nur ein Parameter verändert wird, verschieben sich die Verhältnisse und der Vergleich verliert an Aussagekraft. Legt man beispielsweise der Berechnung

Tabelle 15. Energie- und Leistungsbedarf der einzelnen Verkehrsträger auf der Strecke Hamburg-München (Streckenlänge 800 Kilometer).

Verkehrsmittel	Auto Mercedes 230E	Bahn ICE	Flugzeug A320-200
Transportarbeit	5 Plätze	700 Plätze	150 Plätze
reale Auslastung Personen/ Sitzladefaktor	1,15/0,23	280/0,40	90/0,60
Geleistete Transportarbeit in Personenkilometern *(Pkm)*	920	224000	72000
Transportzeit in *h*	6,7	6,0	1,9
Transportleistung real *(Pkm/h)*	137	37333	7895
Energiebedarf gesamt in Megajoule *(MJ)*	2378	254100	131860
Spezifischer Energiebedarf MJ/Pkm	2,58	1,13	1,83
Spezifischer Leistungsbedarf MJ/Pkm/h	17,36	6,81	2,38

anstelle eines Linienflugzeuges einen Charterjet zugrunde, würde sich wegen des viel größeren Sitzladefaktors das Ergebnis wesentlich zugunsten des Flugzeuges verbessern.

Die Hauptschwierigkeit bei derartigen Vergleichen besteht also darin, überhaupt objektiv richtige und vergleichbare Daten auszuwählen.

Technische Verbesserungen zur Treibstoffreduzierung

Der verbrauchte Treibstoff ist ein wesentlicher Faktor zur Bestimmung der durch den Luftverkehr emittierten Schadstoffmengen. Energieeinsparungen in Form einer Reduzierung des Treibstoffverbrauchs sind daher das wichtigste Mittel zur Minderung der Schadstoffemissionen. Da sich das Entstehen von Schadstoffen proportional zur verbrauchten Kraftstoffmenge verhält, bedeutet eine Verbrauchsminderung um 50% auch eine Halbierung des Schadstoffausstoßes.

Dank neuer und somit verbrauchsgünstigerer Triebwerke kann der spezifische Treibstoffverbrauch kontinuierlich gesenkt werden. Seit Beginn und Entwicklung des Weltluftverkehrs Ende der 60er Jahre wurde der spezifische Verbrauch gegenüber heute in etwa halbiert. Eine nochmalige Reduzierung um 30% kann für die nächste Triebwerkgeneration erwartet werden.

Fluggesellschaften mit einer modernen Flotte rechnen heute mit einem Kerosinverbrauch zwischen vier und sechs Litern pro Passagier auf 100 km. Dieser Verbrauch ließe sich besonders im Europaverkehr nochmals um bis zu zwei Liter reduzieren, wenn die kürzeste Entfernung zwischen zwei Städten (Großkreisentfernung) geflogen werden könnte. Aus Flugsicherungsgründen und wegen der genau festgelegten Flugwege müssen die Piloten auf einigen europäischen Strecken jedoch Umwege von bis zu 40% einkalkulieren.

Da die Passagierzahlen und somit auch die Weltflotte der Flugzeuge seit den 60er Jahren überproportional gestiegen sind, hat die benötigte Menge an Flugtreib-

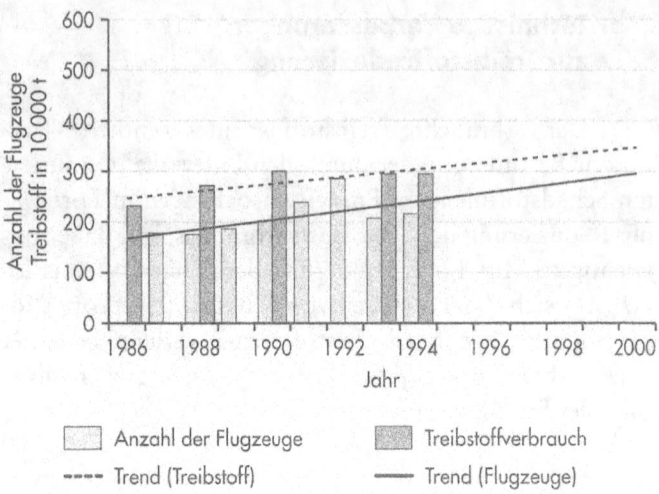

Abb. 23. Vergleich zwischen der Anzahl Flugzeuge und des Treibstoffverbrauchs am Beispiel der Lufthansa.

stoffen absolut betrachtet, ebenfalls zugenommen. Da die Zuwachsraten des Flugverkehrs trotz einer Abschwächung weiterhin über der zu erwartenden spezifischen Treibstoffeinsparung liegen, ist mit einem weiteren Anstieg des absoluten Verbrauchs und demzufolge mit einem Anstieg der Schadstoffemission zu rechnen.

Am Beispiel der Lufthansa ist der jeweilige Trend, unter Berücksichtigung der Anzahl von Flugzeugen und des Treibstoffverbrauchs sowie der geringen Datenmenge, deutlich zu erkennen. Die Trendgerade des prognostizierten Treibstoffverbrauchs weist nach Umrechnung auf eine gleiche Skalierung der Achsen eine geringere Steigung auf als die Entwicklung der Anzahl eingesetzter Flugzeuge (Abb. 23).

Der gesamte Verbrauch an Flugtreibstoffen wird weltweit derzeit auf rund 200 Millionen Tonnen geschätzt, wovon etwa 85% auf den zivilen Luftverkehr entfallen. Allein die USA ist für gut 40% des Treibstoffverbrauchs verantwortlich, während auf Deutschland etwa 3% entfallen. Insgesamt verbrauchen die westlichen Industriestaaten einschließlich Rußland 70% des weltweit benötigten Treibstoffes und das, obwohl in diesen Ländern nur knapp 15% der Weltbevölkerung leben.

Fuel Dumping

Unter Fuel Dumping versteht man das notfallbedingte Ablassen von Treibstoff während des Fluges. Dieses Verfahren muß bzw. darf nur in einer Notsituation angewandt werden, bei der das Flugzeug möglichst schnell wieder landen muß. In Deutschland kommt auf rund 25000 Starts des Linien- und Charterverkehrs ein Fall von Fuel Dumping, weshalb dieses Notverfahren durchschnittlich 25 mal pro Jahr angewandt werden muß. Der Großraum Zürich ist davon etwa einmal jährlich betroffen.

So registrierte beispielsweise die Lufthansa 1994 weltweit zehn Vorfälle von Fuel Dumping, wobei in fünf Fällen der Flughafen Frankfurt betroffen war und insgesamt 430 Tonnen Kerosin abgelassen wurden.

Bedenkt man, daß eine vollbeladene Boeing 747-400 beim Start 385 Tonnen auf die Waage bringt, das maximale Landegewicht aber auf 285 Tonnen begrenzt ist, wird schnell deutlich, weshalb gelegentlich zu der unpopulären Maßnahme gegriffen werden muß.

Zwar könnte man bei Langstreckenflugzeugen sowohl das Fahrwerk als auch die Bremsen auf ein dem Startgewicht entsprechendes Landegewicht auslegen, doch würde das den Mehrverbrauch an Treibstoff, bedingt durch das höhere Flugzeugleergewicht, nicht rechtfertigen. Dem so vermeidbaren Fuel Dumping stünde pro Flugzeug ein jährlicher Mehrverbrauch von einigen hundert Tonnen Kerosin entgegen.

Tritt unmittelbar nach dem Start ein Notfall ein, sei es, daß ein Triebwerk ausfällt oder sich das Fahrwerk nicht ordnungsgemäß einziehen läßt, ist das Flugzeug wegen der großen Menge an getanktem Treibstoff viel zu schwer, um schnell wieder sicher landen zu können. Aus Sicherheitsgründen muß daher vor der Landung das Gewicht des Flugzeuges durch Verminderung der Treibstoffmenge (Ablassen) auf den zulässigen Wert reduziert werden.

Die Flugsicherung teilt dem Jet dazu einen extra Luftraum zu. Darüber hinaus muß das Flugzeug eine Mindestflughöhe von 1500 bis 2000 Metern einhalten und darf nicht langsamer als 400 km/h fliegen. Hochleistungspumpen befördern den Treibstoff über zwei Auslaßtrichter an den Flügeln nach außen. Durch die hohe Geschwindigkeit wird das Kerosin sofort in feinste Tröpfchen zerstäubt und unter Einwirkung des Sonnenlichts durch photochemische Prozesse vor allem in Kohlenstoff und Wasser umgewandelt. Während des Ablaßvorgangs sollen es die Piloten vermeiden, geschlossene Kreise zu fliegen, um eine möglichst großflächige Verteilung des Treibstoffs zu gewährleisten.

Ob und wie die nicht sofort umgewandelten Kerosin-Teilchen noch Verbindungen mit anderen Stoffen eingehen, konnte bis jetzt noch nicht geklärt werden. Untersuchungsergebnissen zufolge, ist der abgelassene Treibstoff am Boden jedoch nicht mehr nachweisbar. Rein rechnerisch erreichen bei einem Ablaßvorgang in einer Höhe von 1500 Metern und unter Annahme einer Lufttemperatur von 15° C am Boden und bei Windstille etwa acht Prozent des abgelassenen Kerosins den Erdboden.

Vom Fuel Dumping sind nur einige wenige Langstrecken-Flugzeuge, wie zum Beispiel die Boeing 747, MD-11 oder die Lockheed TriStar, betroffen. Trotzdem sind die Piloten angewiesen, ein Ablassen von Kerosin möglichst zu vermeiden, und wann immer sie es vertreten können, eine Landung mit Übergewicht durchzuführen. Allerdings hat dies umfangreiche Sicherheitsüberprüfungen vor einem erneuten Start zur Folge.

Die Kurz- und Mittelstrecken-Jets besitzen dagegen überhaupt keine Ablaßvorrichtungen, da sie auch mit Vollgewicht sicher landen können.

> Zusammenfassend läßt sich festhalten, daß insbesondere bei Langstreckenflugzeugen mit ihrem sehr hohen Treibstoffanteil am Gesamtgewicht (bis zu 45%) auf eine möglichst leichte Bauweise des Flugzeuges geachtet wird. Stattet man die Jets deshalb mit leichterem Fahrwerk und Bremsen aus, um dadurch große Mengen an Treibstoff einzusparen, so muß das Fuel Dumping bei Langstreckenjets weiterhin in Kauf genommen werden. Unter Umweltgesichtspunkten ist die Belastung der Umwelt durch das Fuel Dumping mit Sicherheit geringer als durch den sonst erforderlichen höheren Treibstoffverbrauch.

Die Schadstoffemission in den verschiedenen Flugphasen

Um die Wirkungsweise der bei der Verbrennung von Treibstoff entstehenden Schadstoffe analysieren zu können, soll zunächst untersucht werden, welche Emissionen generell entstehen und welche Abhängigkeiten sich dabei ergeben.

Gewichtsmäßig setzt sich das Kerosin, ohne Berücksichtigung der geringen Mengen an Zusatzstoffen (s. S. 109) aus ca. 85,5% Kohlenstoff, 14% Wasserstoff und 0,05% Schwefel zusammen, wobei die mittlere Dichte des Treibstoffes 0,79 kg/Liter beträgt.

Tabelle 16 zeigt die Reaktionsprodukte, die durchschnittlich bei der Verbrennung von 1 kg Kerosin mit 3,4 kg Sauerstoff entstehen. Die Emission von Stickoxid,

Tabelle 16. Reaktionsprodukte bei der Verbrennung von einem kg Kerosin.

Stoffe		Mengen
Kohlendioxid	CO_2	3,15 kg
Wasserdampf	H_2O	1,24 kg
Stickoxide: (vorwiegend Stickstoffmonoxid und Stickstoffdioxid)	NO_x NO NO_2	6-16 g
Schwefeldioxid	SO_2	1 g
Kohlenmonoxid	CO	0,7-2,5 g
unverbrannte Kohlenwasserstoffe	HC	0,1-0,7 g
Ruß	C	0,01-0,03 g

Kohlenmonoxid, Schwefeldioxid und Ruß sind sehr stark abhängig von der Verbrennungsführung, der Fluggeschwindigkeit sowie dem Lastzustand der Triebwerke.

Was die Emission am Boden und während der Start- und Landephase betrifft, sind von der internationalen zivilen Luftfahrt-Organisation (ICAO) bereits Grenzwerte für maximale Schadstoffmengen, bezogen auf den jeweiligen Triebwerkschub, festgelegt worden. Da es für das Entstehen und die Wirkungsweise von Schadstoffen entscheidend ist, in welchem Betriebszustand sich das jeweilige Flugzeug befindet, hat man die einzelnen Phasen genau definiert.

Taxi-out:	Rollen vom Flughafenterminal bis zur Startbahn
Take-off:	Ausgehend von der Standposition am Anfang der Startbahn bis zum Abheben in eine Höhe von 35 Fuß
Climb-out:	Steigflug im Anschluß an den Start
Cruise:	Reiseflug
Descent:	Abstieg nach Verlassen der Reiseflughöhe
Approach:	Landeanflug bis zum Verlassen der Landebahn
Taxi-in:	Rollen von der Landebahn bis zum Terminal

In Abbildung 24 sind die einzelnen Betriebszustände und Flugphasen (nicht maßstabsgerecht) grafisch dargestellt.

Neben dem Ort der Emission (Betriebszustand) ist zudem von Bedeutung, mit welchem Lastzustand die Triebwerke arbeiten. Die US-Environmental Protection

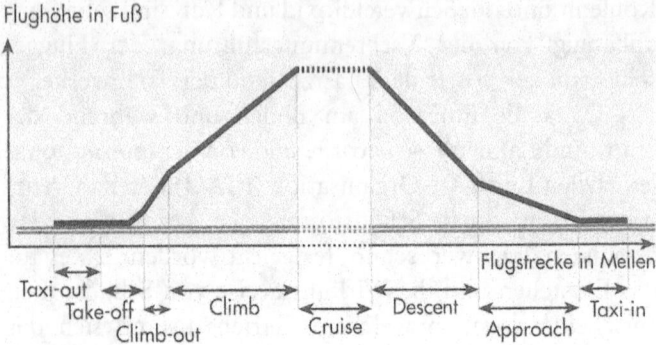

Abb. 24. Schematische Darstellung der einzelnen Flugphasen.

Agency (EPA) hat bei den jeweiligen Betriebszuständen untersucht, mit welchem Lastzustand die Triebwerke dabei durchschnittlich arbeiten (Tabelle 17).

Die einzelnen Flugphasen können in bezug auf ihre Emissionsauswirkungen näher spezifiziert werden. Daraus lassen sich dann mögliche Ansatzpunkte aufzeigen, auf welche Art und Weise eine Reduktion der Schadstoffentstehung möglich erscheint.

Tabelle 17. Bewegungszustände und die damit verbundene Triebwerksleistung.

Bewegungszustände	Lastpunkt in % der Triebwerksnennleitung
Approach	30
Taxi-in	7 (Leerlauf)
Taxi-out	7 (Leerlauf)
Climb-out/Cruise	85

Taxi-out: Nach Beendigung der Abfertigungsarbeiten schiebt ein Flugzeugschlepper die Flugzeuge in Fahrtrichtung und soweit vom Terminalgebäude weg, bis sie aus eigener Kraft über die Rollbahn zur Startbahn rollen können. Die Rollzeiten schwanken je nach Flugzeugtyp, Abstellposition, Verkehrsaufkommen sowie der vorgesehenen Startrichtung sehr stark.

Sie betragen beispielsweise auf dem Frankfurter Flughafen zwischen 5 und 27 Minuten. Verknüpft man die spezifischen Emissionswerte der einzelnen Flugzeuge mit dem Lastzustand (7%), so läßt sich, unter Einbeziehung der jeweiligen Rollzeit, für jeden Taxi-out-Vorgang der Emissionswert der Schadstoffe bestimmen. Die Abgaskomponenten Kohlenmonoxid und Kohlenwasserstoffe sind dabei die wesentlichen Emissionsbestandteile. Tabelle 18 und 19 zeigen die für Frankfurt ermittelten Werte im Jahr 1988.

Taxi-in: Der Bewegungszustand Taxi-in ist in wesentlichen Teilen identisch mit dem Taxi-out-Vorgang. Nach dem Aufsetzen rollt das Flugzeug über die ihm zugewiesenen Rollbahnen in den Vorfeldbereich. Je nach Flugzeugtyp, Fluggesellschaft und Platzverfügbarkeit werden die Flugzeuge entweder direkt am Terminal oder auf Außenparkpositionen abgestellt.

Dadurch ergeben sich unter Einbeziehung von Landebahn und Landerichtung erhebliche Schwankungen bei den Taxi-in-Zeiten. In Frankfurt betragen diese üblicherweise zwischen 4 und 10 Minuten.

Die bei den Rollvorgängen Taxi-in und Taxi-out entstehenden Schadstoffe sind in erster Linie auf eine unvollständige Verbrennung des Kerosins durch die ungünstigen Verbrennungsbedingungen bei der geringen Laststufe der Triebwerke zurückzuführen. Die Schadstoffentstehung ist in diesem Zusammenhang relativ unabhängig vom Flugzeugtyp und den eingesetzten Triebwerken.

Tabelle 18. Emission beim Taxi-out.

Emissionen aller Flugzeugbewegungen 1988
(Taxi-out)

CO (t)	NO_x (t)	HC (t)	SO_2 (t)
2198,17	118,60	1133,10	40,17

Tabelle 19. Emission beim Taxi-in.

Emissionen aller Flugzeugbewegungen 1988
(Taxi-in)

CO (t)	NO_x (t)	HC (t)	SO_2 (t)
1178,02	61,80	621,89	21,03

Take-off und Climb-out: Nach dem Abheben behalten die Flugzeuge in der Regel ihre Abfluggeschwindigkeit bis auf eine Höhe von 1500 Fuß bei. Danach wird eine geringere Steigrate gewählt, wodurch die Geschwindigkeit konstant zunimmt.

Da die Startgeschwindigkeit und somit die übliche Verweildauer in der Take-off- und Climb-out-Phase von zahlreichen Faktoren, wie z.B. Startgewicht des Flugzeuges, Zustand der Startbahn (trocken oder naß), Windverhältnisse usw. abhängig ist, ergeben sich auch hier starke Schwankungen.

Der Startvorgang dauert regelmäßig zwischen 0,5 und 1 Minute, während für das Aufsteigen bis in eine Höhe von 1000 Fuß (Climb-out) zwischen 23 und 35 Sekunden angesetzt werden.

Approach: Im Gegensatz zu den oben genannten Bewegungszuständen ist die Zeitdauer, in der sich ein Flugzeug im Endanflug (Final Approach) aus einer Höhe von 1000 Fuß befindet, relativ festgelegt. Dies ergibt sich daraus, daß der Gleitpfad mit einem Anflugwinkel von 3 Grad von allen Flugzeugen eingehalten werden muß, und sich die Anfluggeschwindigkeit aus Flugsicherungsgründen in einer engen Bandbreite bewegt. Während des Endanfluges legt ein Flugzeug rund 6 Kilometer zurück und benötigt dafür etwa 1,5 Minuten.

Nach dem Aufsetzen auf der Landebahn setzt die Schubumkehr ein, die den Jet soweit abbremst, bis die Fußbremsen eingesetzt werden können und das Flugzeug schließlich die Landebahn verläßt. Die Funktion der Schubumkehr basiert auf einem Klappensystem, das den Abgasstrahl der Triebwerke nach vorne ablenkt. Je nach Landegewicht und Bahnlänge arbeiten die Triebwerke dabei mit einem Lastzustand von bis zu 100% (wie beim Start). Die beim Approach auftretenden Lastzustände der Antriebsaggregate werden gemittelt und zu einem einheitlichen Betriebszustand zusammengefaßt.

Neben einer genauen Kenntnis der spezifischen Betriebssituation und der jeweiligen mittleren Verweildauer von Flugzeugen ist es erforderlich, die Randbedingungen wie Landung-Start-Zyklus sowie das Abgas-Emissionsverhalten der einzelnen Triebwerkstypen zu standardisieren.

Während des sogenannten LTO-Zyklus (Landing/Take-off), dieser wurde von der ICAO international gültig definiert, befinden sich die Flugzeuge in einer Höhe von maximal 900 m. Generell tritt ein Flugzeug daher beim Landeanflug etwa 20 km vom Flughafen entfernt in den LTO-Bereich ein und verläßt diesen nach dem Start in rund 7 km Entfernung wieder.

Bei der Standardisierung des Abgas-Emissionverhaltens der Triebwerke wurde folgendermaßen vorgegangen:

Da Flugzeuge gleichen Typs mit unterschiedlichen Triebwerken ausgerüstet werden können, die wiederum

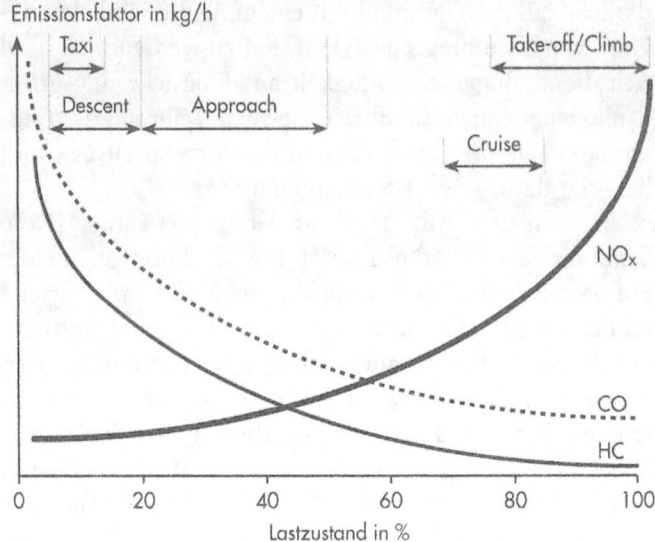

Abb. 25. Zusammenhang zwischen dem Lastzustand der Triebwerke und dem Emissionsfaktor.

abweichende Emissionswerte aufweisen, mußte man für jeden Flughafen die Flugbewegungsstatistik auswerten, um Klarheit darüber zu erlangen, wie die Flugzeugtypen mit den eingesetzten Triebwerken bei den Fluglinien verteilt sind. Als Ergebnis dieser Auswertung hat man einen gemittelten Abgas-Emissionsfaktor für jeden Flugzeugtyp und Flughafen gebildet.

Auf Basis aller genannten Faktoren und Abhängigkeiten ist es jetzt möglich, zumindest für den LTO-Bereich, die emittierten Schadstoffe für jeden Flughafen ziemlich genau zu berechnen.

Abbildung 25 verdeutlicht die Abhängigkeit der Schadstoffentstehung von den Betriebszuständen. Aus den Kurvenverläufen ist deutlich zu erkennen, daß die Emissionen an CO und HC überwiegend beim Sinkflug

Tabelle 20. Emissionen in Abhängigkeit von der Flughöhe.

Flughöhe (feet)	Emissionen (t)			
	CO	HC	NO_x	SO_2
0 - 5000	7028,0	2671,6	4279,5	357,0
5000 - 10000	2171,0	283,1	3023,9	231,1
10000 - 15000	1500,9	194,1	2006,3	156,0
15000 - 20000	832,5	117,0	901,3	80,2
20000 - 25000	413,9	56,6	820,8	52,0
25000 - 30000	952,0	173,7	1962,9	184,3
über 30000	2645,5	406,1	5699,8	525,6
Σ über alle Höhen	15543,8	3902,2	18694,5	1586,2

(Descent) sowie beim Rollen auf dem Flughafenvorfeld (Taxi-in/out) ausgestoßen werden.

Die NO_x-Emissionen spielen bei diesen Betriebszuständen eine untergeordnete Rolle. Ganz anders dagegen in der Startphase und im Reiseflug. Wegen der hohen Turbinendrehzahl und einer damit verbundenen höheren Schubkraft steigt der NO_x-Ausstoß rapide an.

In Kenntnis der bodennahen Emissionen (LTO-Zyklus) kann man nun anhand der registrierten Flugfrequenzen und deren Höhen auch Rückschlüsse darauf ziehen, wie die Schadstoffbelastung durch den Flugverkehr in den unterschiedlichen Höhenbereichen der Atmosphäre verteilt ist.

Tabelle 20 verdeutlicht, welche Schadstoffmengen auf den verschiedenen Flughöhen über der Bundesrepublik Deutschland emittiert wurden. Die Betrachtung basiert auf dem zivilen Instrumentenflugverkehr im Jahr 1984.

Der Bereich über 30000 Fuß kann als kritischer Bereich bezeichnet werden, da ab dieser Höhe die Schadstoffe nicht mehr ausgewaschen werden können, was zu

Tabelle 21. Schadstoffreduzierung durch Ersatzbeschaffung gleichartiger Flugzeuge.

		CO	NO_x	HC
Boeing 727 →	Airbus A320	-78%	-10%	-90%
Boeing 747-200 →	Boeing 747-400	-47%	-37%	-85%
Douglas DC-10 →	Airbus A340	-60%	-41%	-85%

einer relativ langen Verweildauer in der Atmosphäre führt.

Geht man von einer Verdoppelung der Flugbewegungen seit 1984 aus, müssen auch die neueren, umweltfreundlicheren Triebwerke mit ihrer relativ geringen Schadstoffemission berücksichtigt werden. Es kann daher bei einem Anstieg der Flugbewegungen nicht zwangsläufig von einem höheren Ausstoß an Schadstoffen ausgegangen werden.

Aufgrund ihres umfangreichen Programms zur Flottenerneuerung geht die Lufthansa davon aus, daß durch direkte Ersatzbeschaffung gleichartiger Flugzeuge (bezüglich Einsatzmöglichkeiten und Passagierkapazität) hohe Schadstoffminderungen erzielt werden können (Tabelle 21). Mit Verwirklichung von neuen Triebwerkskonzepten soll es möglich sein, die Schadstoffemission nochmals um bis zu 20% zu senken. Auch bei den Stickoxiden soll dann eine Verminderung von bis zu 30% im Bereich des Möglichen liegen. Konkrete Ansätze zur Umsetzung von neuen Triebwerkskonzepten und deren Erfolge werden im Kapitel 8 vorgestellt.

Wie wirken einzelne Schadstoffe in der Luft?

Kohlendioxid

Bei der Verbrennung von Kerosin entsteht, wie bei allen fossilen Energieträgern, unvermeidbar Kohlendioxid (CO_2). Neben Methan und den Fluorchlorkohlenwasserstoffen stellt CO_2 das wichtigste Treibhausgas dar.

Im Gegensatz zu Kohlenmonoxid kann Kohlendioxid nicht als Schadstoff im eigentlichen Sinne betrachtet werden. Das Spurengas ist natürlicher Bestandteil der Luft, geruchsneutral und farblos. Das Gas entsteht bei der Atmung von Menschen und Tieren ebenso wie bei der Verbrennung von fossilen Energieträgern. Gleichzeitig benötigen Pflanzen das CO_2, um mit Hilfe von Sonnenlicht Biomasse aufzubauen (Photosynthese) und dafür Sauerstoff freizusetzen. In der in der Atemluft vorkommenden Dosierung ist CO_2 außerdem völlig ungiftig und ermöglicht zusammen mit den anderen Spurengasen erst das Leben auf der Erde. Nicht zuletzt deshalb galt Kohlendioxid bis vor etwa einem Jahrzehnt als vollkommen unbedenklicher Bestandteil der Luft.

Wenn man die aus einem bestimmten Energieverbrauch resultierende Kohlendioxidmenge kennt, kann leicht errechnet werden, für wieviel CO_2 jeder Mensch verantwortlich ist. Dies hängt davon ab, wo die betreffende Person wohnt. Ein Bewohner eines Entwicklungslandes produziert nur 0,7 Tonnen Kohlendioxid im Jahr, während beispielsweise jeder Bürger der USA durchschnittlich 19 Tonnen CO_2 pro Jahr freisetzt.

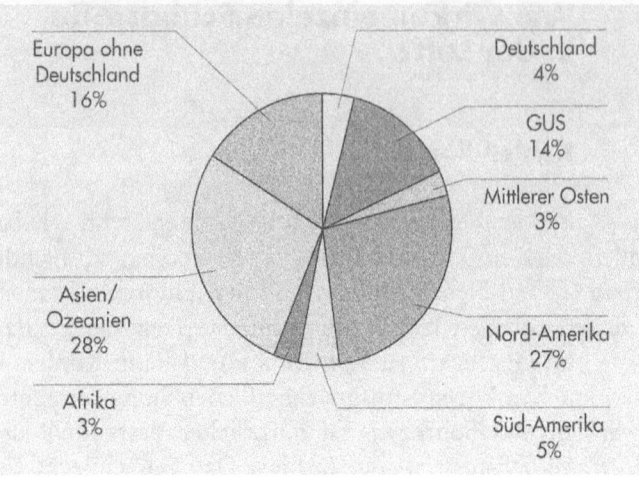

Abb. 26. Verteilung der energiebedingten CO_2-Emission nach Ländergruppen.

Berechnungen zufolge erzeugt ein Autofahrer, der bei einem Spritverbrauch von 10 Litern/100 km eine jährliche Fahrleistung von 20000 km aufweist, bereits rund fünf Tonnen Kohlendioxid pro Jahr. Schätzungen gehen davon aus, daß bei einem stagnierenden CO_2-Gehalt in der Atmosphäre jedem Menschen die Freisetzung von ca. zwei Tonnen Kohlendioxid im Jahr zugestanden werden könnte. Abbildung 26 zeigt die weltweite Verteilung der energiebedingten CO_2-Emissionen im Jahr 1993.

Natürlicher Treibhauseffekt

Dank des natürlichen Gehalts der Atmosphäre an Spurengasen wie Fluorchlorkohlenwasserstoffe (FCKW), Distickstoffoxid (N_2O), Methan (CH_4), Wasserdampf

(H_2O) und nicht zuletzt an Kohlendioxid, erhöht sich die mittlere Temperatur in Erdbodennähe von -18 auf +15 C.

Dabei lassen die genannten Stoffe zunächst das einfallende kurzwellige Sonnenlicht ungehindert bis zur Erdoberfläche vordringen. Die so erwärmte Erdoberfläche gibt die Wärmeenergie in Form einer langwelligen Strahlung wieder an die Atmosphäre ab, wo sie von den klimarelevanten Spurengasen teilweise absorbiert wird. Dadurch erwärmt sich die Atmosphäre, was wiederum zu einer Rückstrahlung auf die Erdoberfläche und damit zu einem natürlichen Treibhauseffekt führt.

Erdgeschichtlich betrachtet gab es schon immer Kalt- und Warmzeiten, die bis zu einigen 10000 Jahren andauerten und das Weltklima stark veränderten. Eine bis nach Mitteleuropa reichende Vergletscherung war während der Eiszeiten die Folge. Parallel mit den Klimaschwankungen ging eine Änderung der CO_2-Konzentration in der Atmosphäre einher. Diese Entwicklung war bedingt durch natürliche Schwankungen der Energiestrahlung der Sonne, gleichzeitig mehrerer Vulkanausbrüche usw. Tiefenbohrungen in der Antarktis und eine anschließende Analyse des im Eis gebundenen CO_2 haben den Zusammenhang zwischen einer Änderung der atmosphären CO_2-Konzentration und Klimaschwankungen belegt.

Der Anteil an Aerosolen, also fester und flüssiger Kleinstpartikel in der Atmosphäre, hat neben dem CO_2 ebenfalls einen wichtigen Anteil am Treibhauseffekt. Als natürliche Aerosole kommen hauptsächlich Vulkanasche und Wüstensand in Frage.

> Besonders deutlich wurde der Einfluß von Aerosolen auf das Klima in Zusammenhang mit dem Ausbruch des Vulkans Pinatubo auf den Philippinen im Juni 1991. Riesige Mengen feiner Vulkanasche

wurden in die Atmosphäre geschleudert und haben zwei Jahre lang zu einer Abkühlung der Erdatmosphäre um bis zu 0,4 Grad Celsius geführt.

Künstlicher Treibhauseffekt

Durch die Analyse von Gletschereis wurde auch festgestellt, daß seit Beginn der Industrialisierung im 18. Jahrhundert und den damit verbundenen großflächigen Waldrodungen, der CO_2-Gehalt der Atmosphäre um rund 25% zugenommen hat. Im Zusammenspiel mit den anderen Treibhausgasen kommt es daher zu einer vom Menschen verursachten globalen Erwärmung.

Jedes Einbringen von treibhausrelevanten Spurengasen in die Atmosphäre führt deshalb zu einer Verstärkung des natürlichen Treibhauseffektes. An diesem Effekt ist allein das Spurengas CO_2 mit einem Anteil von rund 50% beteiligt.
Die luftfahrtbedingte CO_2-Emission ist zwar relativ betrachtet ziemlich gering, doch findet der Ausstoß des Gases bei hochfliegenden Flugzeugen auch in der Tropopause bzw. im unteren Bereich der Stratosphäre statt. Das bedeutet, daß die Teilchen dort eine verhältnismäßig lange Verweildauer haben und somit über einen relativ langen Zeitraum klimarelevant sind. Außerdem gelangt das CO_2, dies gilt auch für alle anderen Flugzeugemissionen, durch die Flugzeuge direkt in große Höhen und muß nicht über den Umweg der atmosphären Austauschvorgänge dorthin transportiert werden. Dadurch kann sich zusätzlich eine zeitliche Beschleunigung des künstlichen Treibhauseffekts ergeben.

Eine Reduzierung des Ausstoßes von Kohlendioxid kann lediglich durch Energiesparmaßnahmen (z.B. Wir-

Tabelle 22. Treibhausgase und ihre Anteile am Treibhauseffekt.

	Kohlendioxid CO_2	Methan CH_4	Fluorchlorkohlenwasserstoffe (FCKW)			troposphärisches Ozon O_3	Distickstoffoxid N_2O	stratosphärischer Wasserdampf H_2O
			FCKW 11	FCKW 12	Rest			
Verweildauer in Jahren (ca.)	100	10	65	110		0,1	150	
Konzentrationszunahme pro Jahr in %	0,4	1	5	5		0,5	0,25	
Treibhauswirkung in bezug auf CO_2 (Faktor)	1	32	14000	17000		2000	150	
Anteil am Treibhauseffekt in %	50	18	17			8	5	2

Tabelle 23. Hauptverursacher von anthropogenen Treibhausgasen.

Treibhausgase	Wichtigste anthropogene Quellen
Kohlendioxid	Fossile Brennstoffe, Waldrodungen
Methan	Reisanbau, Großviehhaltung, Fossile Brennstoffe
Fluorchlorkohlenwasserstoffe (FCKW)	Treibmittel in Sprühdosen, Kühlmittel, Lösungsmittel
Ozon (bodennah)	Verkehr, Industrie
Distickstoffoxid (Lachgas)	Überdüngung, fossile Brennstoffe

kungsgradsteigerungen bei Triebwerken) erreicht werden. Schätzungen gehen davon aus, daß 1993 weltweit über 500 Millionen Tonnen CO_2 von Flugzeugen in die Atmosphäre emittiert wurden. Der Flugverkehr über der Bundesrepublik Deutschland ist daran mit etwa 30 Millionen Tonnen jährlich beteiligt. Besonders vor dem Hintergrund des Kabinettbeschlusses vom 13.06.1990 (1. Klima-Enquête-Kommission des Deutschen Bundestages), die Emission von CO_2 bis zum Jahr 2005 um 25% (Basis 1987) zu senken, gewinnt dieser Stoff vermehrt an Bedeutung.

Diskutiert wurde dabei auch die Einführung einer emissionsabhängigen CO_2-Abgabe, die auch den Flugverkehr betreffen würde (s. S. 190).

Tabelle 22 zeigt die Bedeutung der einzelnen Treibhausgase und verdeutlicht, in welchem Maß eine Zunahme der Stoffe zu nachhaltigen Veränderungen des natürlichen Gleichgewichts führen kann. Ergänzend dazu sind in Tabelle 23 die wichtigsten anthropogenen Quellen und daher die Hauptverursacher des künstlichen Treibhauseffekts aufgelistet.

Wasserdampf

Als weiterer Einflußfaktor auf den Treibhauseffekt ist der atmosphäre Wasserdampf (H_2O) zu nennen. Wie das Kohlendioxid zählt auch Wasserdampf in der Atmosphäre nicht zu den eigentlichen Schadstoffen, wirkt jedoch, was die Klimarelevanz betrifft, ziemlich ähnlich wie das CO_2 und trägt daher in erhöhten Mengen zu einer unmittelbaren Verstärkung des Treibhauseffektes bei.

Mit zunehmender Höhe nimmt der eigentlich harmlose Wasserdampf an Intensität ab. Das liegt daran, daß die Luft mit abnehmender Temperatur weniger Wasser aufnehmen kann. Bereits bei einer Lufttemperatur von 0° C kann die Luft lediglich halb soviel Wasser aufnehmen, wie bei einer Temperatur von +10° C. Daher rührt auch die Tatsache, daß drückende Schwüle vorwiegend in der warmen Jahreszeit auftritt.

Eine erhöhte Wasserdampfkonzentration in der Atmosphäre führt dazu, daß einfallende Lichtstrahlen zwar ungehindert durchdringen und somit die erdnahen Luftschichten erwärmen können, gleichzeitig aber eine Wärmerückstrahlung in den Weltraum verhindert wird. Eine Verstärkung der globalen Erderwärmung ist die Folge. Bei der Verbrennung von Kerosin entsteht zu einem Großteil Wasser, das dann zusätzlich in die Atmosphäre gelangt.

Dadurch, daß der Einfluß des Wasserdampfes auf den Treibhauseffekt von der Emissionshöhe abhängig ist, können die von Flugzeugen freigesetzten H_2O-Teilchen zumindest im unteren Bereich der Troposphäre vernachlässigt werden. Der Anteil der emittierten Menge ist dort im Verhältnis zur relativen Luftfeuchtigkeit zu gering.

Abb. 27. *Oben:* Bildung von Kondensstreifen einer DC-10 auf Reiseflughöhe. *Unten:* Kreuzen sich vielbeflogene Luftstraßen, wie hier z.B. über Stuttgart, bilden sich unter bestimmten Wetterbedingungen besonders viele Kondensstreifen, die über einige Stunden am Himmel sichtbar sind und zu einer regionalen Bewölkung fürhen.

Sowohl in der Tropopause als auch in der Stratosphäre ist der Flugverkehr allerdings der einzige direkte Verursacher von Wasserdampf. In diesen Höhen kommt

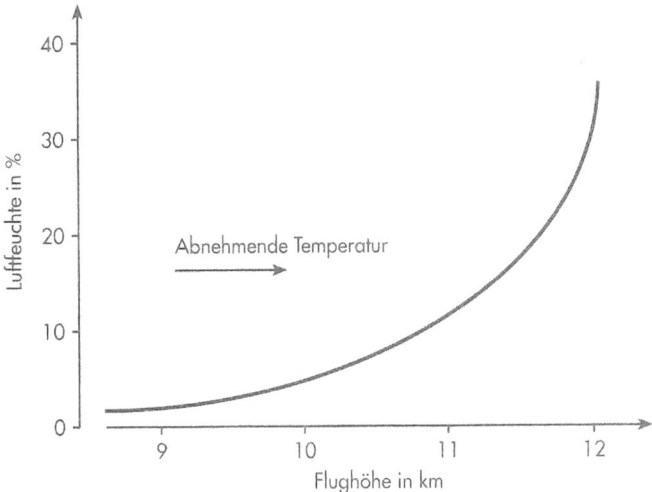

Abb. 28. Änderung der relativen Luftfeuchtigkeit durch die Wasserdampfemisson von Flugzeugen in Abhängigkeit von der Flughöhe.

als Problem bei der Betrachtung der Auswirkungen von Wasserdampf die Entstehung von Kondensstreifen hinzu.

Die sehr kalte Luft kann ab einer Höhe von etwa 8000 Metern nur noch wenig Wasserdampf aufnehmen. Daher kondensiert dieser an den bei der Verbrennung ebenfalls entstehenden feinen Rußteilchen, sofern die Luft mit Wasserdampf gesättigt ist. So bilden sich kleine Wassertröpfchen, die sofort zu Eiskristallen gefrieren und als Kondensstreifen sichtbar werden (Abb. 27a,b).

Die Änderung der relativen Luftfeuchtigkeit durch vom Flugverkehr freigesetzten Wasserdampf ist aus den genannten Gründen also abhängig von der Flughöhe und der jeweiligen Temperatur. Abbildung 28 zeigt die Zusammenhänge zwischen der Flughöhe und der dabei verursachten Änderung der relativen Luftfeuchtigkeit.

Eine Luftfeuchtigkeit von 100% bedeutet eine absolute Sättigung der Luft mit Wasserdampf. Je niedriger ein Flugzeug fliegt, um so geringer wird der Einfluß auf eine Änderung der Luftfeuchtigkeit. Berücksichtigt man zusätzlich noch die natürlichen Temperaturschwankungen, so müßte man die Kurve entweder nach links oder nach rechts verschieben.

Kennt man aufgrund von Wetterbeobachtungen die jeweils herrschenden Temperaturen und die Druckverteilung in der Atmosphäre und bezieht darüber hinaus alle möglichen Einflußfaktoren bezüglich der Bildung von Kondensstreifen mit ein, so läßt sich ziemlich exakt der Höhenbereich bestimmen, in dem sich Kondensstreifen bilden werden.

Die Ausdehnung (Länge und Breite) von entstandenen Kondensstreifen ist von verschiedenen Faktoren abhängig:

- Umgebungsbedingungen
- Anzahl der gebildeten Eiskristalle
- Durchmischung der Luft hinter dem Flugzeug

Wie bereits angeführt, sind für das Entstehen von Kondensstreifen hauptsächlich die jeweiligen Umgebungsbedingungen maßgebend. Unabhängig von der natürlichen Wasserdampfkonzentration können sich Kondensstreifen auch in völlig trockener Luft bilden, wenn die Temperatur weniger als -40° C beträgt, sie zerfallen aber meist nach wenigen Sekunden wieder.

Da in der Nähe der Tropopause (in mittleren geografischen Breiten in ca. 10 km Höhe) und darüber die Temperatur praktisch immer geringer als -40° C ist, verursachen Flugzeuge in diesem Bereich ständig Kondensstreifen. Sie sind besonders langlebig im Bereich der Tropen sowie im Winter in der polnahen Stratosphäre, was auf die dort herrschenden extrem tiefen Temperaturen zurückzuführen ist.

Die Luftdurchmischung und die Anzahl der gebildeten Eiskristalle beeinflussen ebenfalls sehr stark deren Lebensdauer. Je nach Flugzeugtyp und Triebwerkskonfiguration entsteht hinter dem Flugzeug eine andersartige Verwirbelung, wodurch die Eiskristalle mehr oder weniger schnell auseinanderdriften.

Bedingt durch eine unterschiedliche Druckverteilung entstehen an den Flügelenden Luftwirbel, die von einem Aufrollprozeß geprägt sind, sogenannte Wirbelschleppen. Bei Großraumflugzeugen sind die Wirbelschleppen besonders ausgeprägt und die Kondensstreifen werden in den Aufrollprozeß mit einbezogen.

Bei einem Flugzeug mit vier Triebwerken, beispielsweise einer Boeing 747, hat dies zur Folge, daß die Kondensstreifen der beiden inneren Triebwerke unter jene der beiden äußeren Antriebsaggregate gedrückt werden.

Lösen sich die Kondensstreifen nicht binnen wenigen Sekunden auf, zerfließen sie in breite, dünne, mit dem bloßen Auge kaum wahrnehmbare Wolkenfelder. Diese künstlichen Wolkenfelder werden in der Meteorologie den Cirrus-Wolken (Eiswolken) gleichgestellt und stehen im Verdacht, die Wärmerückstrahlung in den Weltraum zu hemmen und zur Verstärkung des Treibhauseffektes und damit zu einer globalen Erwärmung beizutragen.

Allerdings liegen auf diesem Gebiet derzeit noch keine abschließenden Forschungsergebnisse vor. Schätzungen zufolge liegt der Beitrag der Kondensstreifen zur globalen Bewölkung zwischen zwei Promille und zwei Prozent.

Während einer 40-jährigen Beobachtungsreihe konnte man feststellen, daß das Vorhandensein dünner Cirrusbewölkung im Untersuchungszeitraum sehr starken Schwankungen unterlag. Eine Trendanalyse ist daher nicht aussagekräftig genug, um fundierte Aussagen über die Beteiligung von Kondensstreifen an dieser Art der Bewölkung machen zu können.

Generell läßt sich sagen, daß mit zunehmender Flughöhe die potentielle Gefahr des emittierten Wasserdampfes sehr stark zunimmt. Schätzungen zufolge, sollen die Wasserdampfmoleküle in der Stratosphäre in bezug auf den Treibhauseffekt bis zu 200 mal wirksamer sein als Kohlendioxid.

Um mehr Datenmaterial über die Kondensstreifen wie z.B. deren Höhe, Dicke, Driftbewegung und optische Eigenschaften zu bekommen, gibt es einige vielversprechende Forschungsvorhaben.

So hat das Fraunhofer-Institut für atmosphärische Umweltforschung ein mobiles Laserradar entwickelt. Vereinfacht ausgedrückt werden dabei mit Hilfe eines Laserstrahls Kondensstreifen angeleuchtet und das reflektierte Licht mit einem Teleskop aufgefangen und gebündelt. Mit dieser Methode lassen sich zweidimensionale Bildquerschnitte von Kondensstreifen gewinnen. Die gewonnenen Daten können dazu beitragen, mögliche Auswirkungen der künstlichen Wolken zu erkennen.

Stickoxide

Bei den Bemühungen, die Emissionen des Luftverkehrs zu verringern, stehen die Stickoxide eindeutig im Vordergrund. Hauptsächlich auf vielbeflogenen Routen ist selbst noch in einer großen Höhe eine deutliche Konzentrationszunahme von Schadstoffen festzustellen.

Abb. 29. Weltweite NO_x-Verteilung in einer Höhe von 12000 Metern.

Obenstehendes Schaubild (Abb. 29) verdeutlicht die globale Schadstoffverteilung am Beispiel der Stickoxide in einer Höhe von etwa 12000 Metern.

Trotz Entwicklung neuer und damit umweltfreundlicherer Triebwerke gelingt es nur sehr langsam, den Stickoxidausstoß zu verringern. Faktoren wie geringerer Treibstoffverbrauch der Triebwerke und ein besserer Wirkungsgrad führen zwar generell auch zu einer Minderproduktion von Schadstoffen, für die Stickoxide trifft dies jedoch nicht zu.

Der Grund liegt darin, daß gerade moderne, leistungsstarke und verbrauchsgünstige Triebwerke mit höheren Drücken und Temperaturen arbeiten, wodurch die Bildung von NO_x angeregt wird. Die Entwicklung kürzerer Brennkammern und damit geringere Verweilzeiten der Gase konnte den NO_x-Anstieg bisher nur teilweise auffangen.

Neue Triebwerksentwicklungen sollen mittelfristig (bis zu 10 Jahren) zu einem Rückgang der NO_x-Produktion um bis zu 40% führen. Voraussetzung dafür ist jedoch, daß ältere Flugzeuge bei Verfügbarkeit der neuen

Technik umgehend ersetzt werden, was aber wegen der zu erwartenden starken Zunahme des Passagieraufkommens und der mangelnden Liquidität vieler Fluggesellschaften nicht immer der Fall sein dürfte.

Die damit verbundene zeitliche Verzögerung wird, legt man die durchschnittliche Lebensdauer von Flugzeugen zugrunde, bis zu 20 Jahren dauern. Erst nach dieser zeitlichen Verzögerung ist mit einer mengenmäßigen Reduzierung des NO_x-Ausstoßes zu rechnen.

Obwohl die luftfahrtbedingte Emission von Stickoxiden derzeit noch zunimmt, ist bei einigen Fluggesellschaften bereits eine geringere Zunahme gegenüber der Vorjahre zu verzeichnen.

Interessant ist in dem Zusammenhang, daß neben dem Luftverkehr nicht nur bodengebundene Stickoxidquellen, wie der Kraftfahrzeugverkehr oder die Energieerzeugung zu einer Erhöhung der Konzentration in der Atmosphäre beitragen, sondern auch Blitzentladungen. Experten nehmen an, daß die durch Blitze entstandene (natürliche) Menge von Stickoxiden wesentlich größer ist, als die von Flugzeugen freigesetzten NO_x-Emissionen.

Die Swissair konnte bereits von 1989–1992 den relativen NO_x-Ausstoß ihrer Flugzeuge um 7% senken. Bezieht man die Produktionssteigerung (16%) in diesem Zeitraum mit ein, fielen absolut nur 2% mehr Stickoxide an. Unter dem Oberbegriff Stickoxide sind in diesem Zusammenhang alle Stickstoffelemente zu verstehen, die durch Oxidation Sauerstoffteilchen aufgenommen haben. Hierunter fallen hauptsächlich die chemischen Verbindungen Stickstoffmonoxid (NO) und Stickstoffdioxid (NO_2).

Die durchschnittlich anfallenden Emissionen von Stickoxiden pro 100 kg Treibstoff sind in Tabelle 24 gemäß den Berechnungen Schweizer Bundesämter zusammengefaßt.

Tabelle 24. NO$_x$-Entstehung pro 100 kg Treibstoff bei der Verbrennung.

Treibstoffverwendung	kg NO$_x$
Flugverkehr	ca. 2,0
Motorfahrzeugverkehr (total)	3,3
PKW ohne Katalysator	4,4
PKW mit Katalysator	0,4
Ölfeuerungen	0,1-0,3

Moderne Triebwerke, wie sie zum Beispiel beim Airbus A300-600 zum Einsatz kommen, weisen unter optimalen Reiseflugbedingungen lediglich einen Emissionswert von 1,2 kg NO$_x$/100 kg Treibstoff auf. Allerdings steigt dieser Wert unter Vollast (beim Start) auf ein Vielfaches an (vgl. Abb. 25). Mehr Leistung bedeutet hier wegen der hohen Verbrennungstemperatur eine überproportionale Zunahme der Stickoxid-Emission.

Aufgrund von Untersuchungen hat die NASA festgestellt, daß nördlich einer Breite von 40 Grad (Linie Ankara-Madrid-Philadelphia) etwa 25% aller Stickoxide in einer Höhe zwischen 12000 und 28000 Metern vom Flugverkehr stammen. Im Höhenbereich von 10000 bis 12000 m, in dem sich fast der gesamte Langstreckenverkehr abspielt, beträgt der Anteil rund 60%. Von Bedeutung ist in diesem Zusammenhang auch, daß die Verweildauer von Stickoxid in diesen Höhen etwa 100 mal länger ist als in Bodennähe.

Legt man das Flugphasenmodell zugrunde, kann man praktisch für jeden Flug die Verteilung der Schadstoffe in den einzelnen Flugphasen bestimmten (vgl. Abb. 24).

Für einen Flug von Frankfurt nach New York mit einer Boeing 747-400 wurde berechnet, daß rund 84% der emittierten Stickoxide im Reiseflug anfallen. Weitere 15% bilden sich während des Steigfluges, der Anteil beim Rollen und beim Landeanflug ist dagegen verschwindend gering.

Allerdings ist bei dieser Betrachtung zu bedenken, daß sich die Nebenbedingungen, wie z.B. Luftdruck und Temperatur im Reiseflug verändern. Die Datengrundlagen aus dem quasi standardisierten LTO-Zyklus können daher nur bedingt auf die Situation im Reiseflug übertragen werden.

Angesichts dieser Tatsachen stellt sich nun die Frage, wie sich die Stickoxid-Emission von Flugzeugen auf unsere Umwelt auswirkt. Einerseits geschieht dies direkt durch eine Schädigung der Pflanzenwelt und andererseits entstehen indirekte Schädigungen, indem die NO_x-Teilchen Verbindungen mit anderen Stoffen eingehen.

Direkte Schädigung der Pflanzenwelt: Es wird davon ausgegangen, daß die Stickoxide alleine kaum eine schädigende Wirkung auf die Pflanzenwelt ausüben können, obwohl es auf Menschen giftig wirkt. Vielmehr wirkt NO_x in zahlreichen Fällen synergetisch. Das bedeutet, daß schon geringste Mengen von Stickoxiden ausreichen, um die schädigende Wirkung anderer Luftschadstoffe zu verstärken. Versuche haben gezeigt, daß durch Stickoxide vorbelastete Pflanzen generell empfindlicher auf gleichzeitig oder später auftretende Belastungen durch andere Schadstoffe reagieren.

Indirekte Auswirkungen: Unter den indirekten Auswirkungen von Stickoxiden lassen sich alle Folgewirkungen aufführen, die dadurch entstehen, daß NO_x mit anderen Stoffen reagiert. Hierbei kann man wieder die direkten negativen Einflüsse auf die Menschen von der indirekten Schadwirkung über den Umweg der Pflanzenwelt unterscheiden.

Zunächst können die Stickoxide als Ausgangssubstanz für photochemischen Smog in wesentlichem Umfang verantwortlich gemacht werden. Außerdem tragen NO_x-Moleküle zur Entstehung des sogenannten sauren Regens bei. Die Stickoxidteilchen reagieren dabei mit dem Wasserdampf der Luft und bilden den Stoff HNO_3 (Salpetersäure).

Die größten und komplexesten Auswirkungen durch Wechselwirkungen von NO_x mit anderen Stoffen sind sicherlich im Zusammenhang mit Ozon zu beobachten. Die sich daraus ergebenden Zusammenhänge werden nachstehend aufgezeigt.

Stickoxide und Ozon

Ozon ist ein sehr labiles Gas, das aus drei Sauerstoffatomen besteht und unter Einfluß von Licht in der Atmosphäre kontinuierlich erzeugt und wieder zerstört wird. Hinzu kommt eine Anzahl komplexer Vorgänge, die die Entstehung und Zerstörung von Ozon beeinflussen.

Die Ozondichte ist innerhalb der Atmosphärenschichten relativ unterschiedlich verteilt. Während sie unter natürlichen Bedingungen in der Troposphäre bis auf eine Höhe von etwa 10 km ziemlich konstant ist, nimmt sie in der Stratosphäre sehr stark zu und erreicht in rund 20 km Höhe ihr Maximum.

Der Schadstoff NO_x ist eng mit den Begriffen Ozonabbau (Ozonloch) und Ozonbelastung verknüpft. Emittierte Schadstoffe, und das gilt in diesem Zusammenhang in besonderem Maße für die Stickoxide, wirken je nach Höhenlage sehr unterschiedlich auf Ozon. Freige-

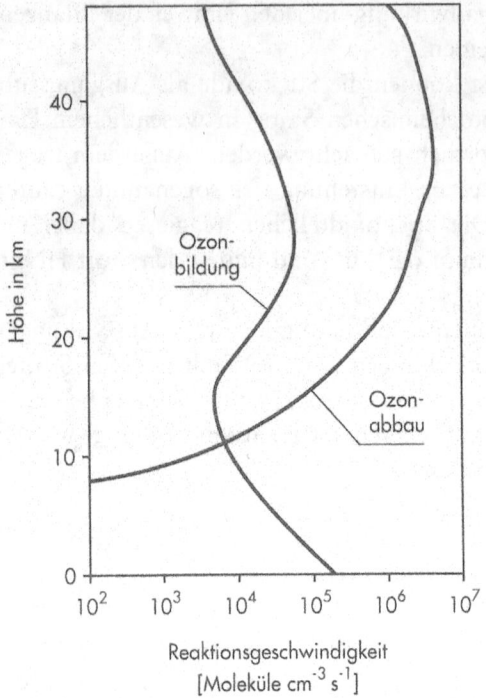

Abb. 30. Bildung und Abbau von Ozon in Abhängigkeit von der Höhe.

setzte Stickoxide tragen, vereinfacht dargestellt, in der Troposphäre zu einer Ozonbildung bei, während sie in der Stratosphäre Ozon zerstören (Abb. 30).

Somit ist es notwendig, die Wirkungsweise von Ozon, bzw. die Wechselwirkungen zwischen Stickoxiden und Ozon, getrennt in den einzelnen Atmosphärenschichten zu betrachten.

Troposphäre

In der unteren Atmosphärenschicht (Troposphäre) tragen Stickoxide ebenso wie Kohlenwasserstoffe unter Einfluß von Sonnenlicht zu einer vermehrten Ozonbildung bei. Ozon ist dabei ebenso giftig wie NO_x.

Eine Konzentration von 0,4 g Ozon pro m^3 Luft wirkt für die Menschen in nur einer Minute tödlich. In Mitteleuropa gilt derzeit bei Schönwetter ein Ozongehalt der Luft von rund 40 µg pro m^3 Luft als normal, oft steigt er jedoch bereits auf bis zu 100 µg/m^3 an, was dem gesetzlichen, am Arbeitsplatz gerade noch zulässigen Wert entspricht. Während besonders langer Schönwetterperioden im Sommer wurden sogar schon Spitzenwerte von bis zu 250 µg Ozon pro m^3 Luft gemessen.

Eine zu hohe Ozonkonzentration in der Luft macht sich zunächst durch Augenbrennen und Reizung der Schleimhäute bemerkbar. Darüber hinaus kann Ozon wegen seiner schlechten Wasserlöslichkeit tief in die Lunge eindringen, wobei die gesundheitsgefährdende Wirkung nicht allein von der Ozonkonzentration in der Luft abhängt, sondern von der eingeatmeten Dosis. Aus diesem Grund sollte man bei einer hohen Ozonkonzentration auf körperlich anstrengende Tätigkeiten verzichten.

Hinzu kommt noch, daß Ozon auch an Pflanzen Schäden hervorrufen kann. Neuerdings wird es für regionale Einbußen bei den Landwirtschaftserträgen und als eine der Hauptursachen für neue Waldschäden verantwortlich gemacht.

Ozon ist aber nicht nur ein Reizgas, das Menschen und Pflanzen direkt beeinträchtigt, sondern auch ein hochwirksames Treibhausgas (in der Troposphäre), dessen Einfluß auf den Treibhauseffekt bis zu 2000 mal intensiver sein kann als Kohlendioxid. Die Swissair hat ermittelt, daß der im besonders kritischen LTO-Bereich

(Landing-Take-Off, bis 900 Meter Flughöhe) verursachte NO_x-Ausstoß etwa 4% des gesamten Verkehrs-NO_x des Kantons Zürich beträgt.

> In der Troposphäre laufen die chemischen Reaktionen bezüglich Ozon wie folgt ab:
> Da durch die Filterwirkung der höheren Atmosphärenschichten kurzwellige UV-Strahlen kaum bis in niedrige Höhen vordringen können, wäre die Troposphäre normalerweise ziemlich reaktionsträge. Ozon, das laufend aus der Ozonschicht der Stratosphäre in niedrigere Schichten gelangt, würde so zu einem permanenten Anstieg der Ozonkonzentration in Erdbodennähe führen, gäbe es nicht das Oxidationsmittel OH. Dieser Stoff bewirkt, daß das in der Troposphäre unerwünschte Ozon abgebaut wird. Allerdings ist für das Entstehen von OH Ozon notwendig.

Hier wird deutlich, wie fein abgestimmt die Vorgänge in der Atmosphäre sind und wie schnell das natürliche Gleichgewicht durch die Einbringung von Schadstoffen gestört werden kann. Die Bildung von OH kann man vereinfacht durch folgende Reaktionsgleichungen darstellen:

A. O_3 + UV-Licht (langwellig) → O_2 + O
B. O + H_2O → 2 OH

Unter Einwirkung von langwelligem UV-Licht, das unter Abschwächung bis zum Erdboden durchdringen kann, wird Ozon in verschiedene Sauerstoffteilchen aufgespalten (Reaktion A.) Als Folge verbindet sich der reaktionsfreudige Sauerstoff (O) mit Wasserdampf, wodurch 2 OH-Teilchen entstehen (Reaktion B). Über eine ganze

Reihe chemischer Reaktionen bewirkt jetzt der Stoff OH den Abbau von Ozon in der Troposphäre. Der Oxidation des Spurengases Methan kommt dabei besondere Bedeutung zu.

In mehreren Schritten wird das Methan (CH_4) bei der Reaktion mit OH zunächst in Kohlenmonoxid (CO) und andere Stoffe überführt. Als weitere Reaktionsgleichungen (M ist ein inaktiver Reaktionspartner) ergeben sich dann:

1. $CO + OH \rightarrow CO_2 + H$
2. $H + O_2 + M \rightarrow HO_2 + M$
3. $HO_2 + O_3 \rightarrow 2\,O_2 + OH$

netto: $CO + O_3 \rightarrow CO_2 + O_2$

Das bedeutet, daß pro oxidiertem CO-Molekül ein Ozonmolekül verbraucht wird.

Die dauernde Zerstörung von Ozon und die Bildung von Kohlendioxid, dies wird in diesem Zusammenhang besonders deutlich, ergibt das für den natürlichen Treibhauseffekt so wichtige Gleichgewicht (s. S. 135).

Durch Emissionen von Schadstoffen, insbesondere von Stickoxiden, wird der in der Troposphäre ablaufende Prozeß der Ozonzerstörung nicht nur behindert oder angehalten, sondern ins Gegenteil umgekehrt. Daher wird Ozon in Atmosphärenbereichen gebildet, wo es nicht erwünscht ist.

Konkret laufen bei diesem Vorgang folgende Reaktionen ab, wobei die Gleichungen 1. und 2. (s. o. Ablauf ohne Schadstoffeinwirkung) auch bei dieser Betrachtung zugrunde gelegt werden müssen. Diese chemischen Reaktionen finden unabhängig von Luftschadstoffen statt. Ab der 3. Reaktionsgleichung kommt nun der Schadstoff

NO hinzu, der den weiteren Ablauf der Reaktionen verändert.

3. $HO_2 + NO \rightarrow NO_2 + OH$
4. $NO_2 + UV\text{-Licht} \rightarrow NO + O$
5. $O + O_2 + M \rightarrow O_3 + M$
netto: $CO + 2O_2 + UV\text{-Licht} \rightarrow CO_2 + O_3$

Zusammenfassend heißt das, daß durch Stickoxide zunächst Sauerstoffteilchen gebunden und anschließend unter Lichteinwirkung teilweise wieder abgespalten werden. Schließlich reagiert der Sauerstoff (O) mit den atmosphären Sauerstoff-Molekülen (O_2) zu Ozon. Unter Einfluß von NO_x wird also kein Ozon abgebaut, wie das ohne Schadstoffeinwirkung der Fall ist (s. oben), sondern im Gegenteil, es entsteht Ozon.

Besonders in Flughafennähe kommt es zu einer überdurchschnittlichen Belastung mit NO_x durch den, wie erläutert, hohen Lastzustand der Triebwerke. Dies darf allerdings nicht über die Tatsache hinwegtäuschen, daß die NO_x-Konzentration dabei lediglich etwa der von Innenstädten entspricht. Da die Ozonkonzentration der Luft insbesondere in Ballungsräumen, und dort sind die Flughäfen vorwiegend anzutreffen, regelmäßig sowieso erhöht ist, bewirkt der Luftverkehr eine zusätzliche Verstärkung.

Stratosphäre

Im Gegensatz zu in Bodennähe emittierten Stickoxiden, die innerhalb weniger Tage ausgeregnet oder absorbiert werden, kann die schädigende Wirkung von NO_x, das in 10000 Metern Höhe und höher freigesetzt wurde, bis zu einem Jahr andauern. Die durch den Luftverkehr in diesen Höhen freigesetzten Stickoxide sind deshalb mitverantwortlich für den Abbau bzw. die Zerstörung der schützenden Ozonschicht.

Obwohl die Flugzeuge regelmäßig nicht höher als 13 000 m fliegen, dringen die Stickoxide allmählich weiter in die Höhe vor. Erst ab einer Höhe von ca. 15 km entfalten sie aufgrund der zunehmenden Ozondichte ihre zerstörerische Wirkung.

Der dadurch erzielte Zeitvorteil entfällt allerdings bei den Überschall-Verkehrsflugzeugen vom Typ Concorde. Es sind derzeit 14 Exemplare von Flugzeugen im Einsatz, die eine Reiseflughöhe von bis zu 20 000 m erreichen und die entstehenden Schadstoffe direkt im äußerst sensibel reagierenden Bereich unterhalb der (eigentlichen) Ozonschicht emittieren. Die chemischen Reaktionen in bezug auf Stickoxide und Ozon laufen in der Stratosphäre wie folgt ab:

1. $NO + O_3 \rightarrow NO_2 + O_2$
2. $NO_2 + O \rightarrow NO + O_2$
3. $O_3 + O \rightarrow O_2 + O_2$

Zunächst reagiert Stickstoffmonoxid durch Aufnahme eines Ozonmoleküls (O_3) zu normalem Luftsauerstoff (O_2) und Stickstoffdioxid (Reaktion 1). In einer zweiten Phase bindet ein Teilchen des atomaren Sauerstoffs, der in der Atmosphäre durch den Einfluß von kurzwelliger UV-Strahlung entstanden ist, ein Sauerstoffatom des Stickstoffdioxidmoleküls (Reaktion 2). Auf diese Weise entsteht wieder Stickstoffoxid und die Reaktionskette kann von Neuem beginnen. In der Folge ergibt sich, daß die freien Teilchen des atomaren Sauerstoffs (O) eine Verbindung mit NO_2 eingehen und deshalb für die Bildung von Ozon (durch die Reaktion $O_2 + O = O_3$) nicht mehr zur Verfügung stehen. Ozon wird also genau dort abgebaut, wo es normalerweise eine Schutzfunktion ausübt.

> Durch eine vermehrte Belastung der oberen atmosphären Schichten durch Stickoxidemissionen des Luftverkehrs wird das natürliche Gleichgewicht von Ozonbildung und Ozonzerstörung immer stärker verändert. Zumindest in der Stratosphäre ist der Anteil der Luftfahrt an der Ozonabnahme nach heutigem Wissensstand jedoch relativ gering.

Durch den generellen Abbau der Ozonschicht, Schätzungen gehen von jährlich 0,5 bis 0,8% aus, und besonders durch über den Polen bereits entstandene Ozonlöcher, kann vermehrt kurzwellige UV$_B$-Strahlung bis zur Erdoberfläche vordringen und dort schwere Schäden anrichten.

Bei Menschen ist daher mit einer dramatischen Steigerung der Hautkrebsrate zu rechnen, während bei Pflanzen eine vermehrte Mutationsbildung befürchtet wird. Im Gegensatz zur Ozonproblematik in der Troposphäre kann hier allerdings nicht nur von regionalen Folgen ausgegangen werden. Deutlich wird dies wenn man bedenkt, daß der beobachtete Anstieg der Hautkrebsrate in Australien und Neuseeland (Ursache: vermehrte UV-Einstrahlung durch Ozonabbau) nicht allein von der dortigen, relativ geringen, Stickoxidemission herrühren kann. Sobald das sensible, natürliche Gleichgewicht von Ozonbildung und dessen Zerstörung, sei es in der Troposphäre oder in der Stratosphäre, gestört wird, kann dies schwerwiegende Folgen für alles Leben auf der Erde haben.

Die Ozonproblematik wird die Menschheit noch über viele Jahre beschäftigen. Die Kernaussagen über die Auswirkungen von Stickoxiden auf das Ozon faßt deshalb Abbildung 31 nochmals abschließend zusammen.

	Reine Atmosphäre, ohne Schadstoffe	Atmosphäre mit NO_x belastet
Stratosphäre	Bildung von Ozon (Ozonschicht)	Zerstörung von Ozon und somit der Ozonschicht
Troposphäre	Abbau des von der Stratosphäre herabgesunkenen Ozons	Bildung von Ozon mit unmittelbaren Auswirkungen auf den Menschen

Abb. 31. Ozonbildung und -zerstörung in der Atmosphäre.

Ozonforschungsprojekt Mozaic

Anfang 1994 wurde auf Initiative der Firma Airbus Industrie und mit finanzieller Unterstützung durch die Europäische Kommission das Ozonforschungsprojekt Mozaic (Measurement of Ozone on Airbus In-Service Aircraft) gestartet. Bei diesem Forschungsprojekt wird versucht, die bisher theoretischen Ansätze zur Erfassung luftfahrtbedingter Schadstoffemission zu belegen. Da derzeit keine geeigneten Forschungsflugzeuge zur Verfügung stehen, hat man beschlossen, Meßgeräte in fünf neue Airbus A340 einzubauen.

Um weltweit Daten sammeln zu können, wurde das Projekt so auf verschiedene Fluggesellschaften aufgeteilt, daß möglichst alle Kontinente abgedeckt und untersucht werden können. Die Lufthansa betreibt beispielsweise zwei solcher Airbusse auf den Strecken nach Nord- und

Südamerika. Die Air France wird hauptsächlich auf Asien- und Australienrouten messen, die belgische SABENA und die Austrian Airlines übernehmen vorwiegend die Strecken nach Afrika. Während des Forschungsprojektes, es ist auf eine Dauer von zwei Jahren ausgelegt, sollen rund 500 Millionen Einzeldaten gesammelt werden.

Die ca. 120 kg schweren, vollautomatischen Meßinstrumente sind im Unterdeck der Langstreckenjets untergebracht und darauf ausgelegt, sowohl die Ozon- als auch die Wasserdampfkonzentration während des Fluges zu bestimmen. Ein an der Außenhaut des Flugzeuges angebrachter Sensor mißt die Luftfeuchte und über einen Lufteinlaß werden die Proben zur Ozonbestimmung an ein Meßgerät weitergeleitet.

Alle vier Sekunden zeichnet eine Computeranlage die gemessen chemischen Parameter auf und speichert diese zusammen mit den dazugehörigen Flugdaten wie geographische Position, Flughöhe, Windrichtung, Außentemperatur, Luftdruck und Fluggeschwindigkeit.

> Ziel der Forscher ist es, eine Karte mit der weltweiten Verteilung der Ozon- und Wasserdampfkonzentration zu erstellen. Da die Meßgeräte auch während des Steig- und Sinkfluges arbeiten, ist es möglich, exakte Höhenprofile von Ozon und Wasserdampf zu erhalten. Weitere Forschungsansätze erhofft man sich von einer Verknüpfung der gemessenen Werte mit der jeweils herrschenden großräumigen Wetterlage. Auf Basis dieses Wissens wäre es dann möglich, gezielte Aussagen über die Auswirkungen von Schadstoffemission durch Flugzeuge auf Reiseflughöhe zu machen.

Erste Auswertungen sehen vielversprechend aus, denn die Daten aus einigen hundert Flügen zeigen bereits einige Zusammenhänge auf. Diese sollen nachstehend kurz erläutert werden.

Nordatlantikverkehr: Die Mehrzahl der Flüge finden an die Ostküste der USA statt und werden in einer (nördlichen) geographischen Breite von maximal 60 Grad durchgeführt. Die Flughöhen betragen dabei zwischen 11 und 12 Kilometer.

Die Messungen der Ozonkonzentration zeigen beim Nordatlantikverkehr sehr oft sprunghafte Schwankungen. Die hohe Ozonkonzentration ist ein sicheres Indiz dafür, daß das Flugzeug immer wieder in die untere Stratosphäre eindringt. Den Berechnungen gemäß deutet einiges darauf hin, daß die Flüge an die amerikanische Ostküste etwa zur Hälfte in der unteren Stratosphäre stattfinden.

Kombiniert man die Meßwerte mit der jeweiligen Wettersituation, zeigt es sich, daß während der Zeitabschnitte, in denen die Flugzeuge in die Stratosphäre eindringen, ziemlich häufig ein ausgedehntes Tiefdruckgebiet überflogen wird. Um gesicherte Aussagen über mögliche Zusammenhänge machen zu können, müssen zuerst alle Daten nach Beendigung des Meßprogramms herangezogen werden.

Flüge nach Südamerika: Da die Tropopause in gemäßigten Breiten und insbesondere im Bereich des Äquators bis in eine Höhe von 17 km reicht, dringen Unterschall-Verkehrsflugzeuge auf der Strecke Europa-Südamerika hier nicht in die Stratosphäre ein. Die bisher gemessenen relativ niedrigen Ozonwerte haben dies bestätigt.

Interessant ist, daß auf Flügen nach Südamerika im direkten Bereich des Äquators (zwischen 5° Nord und 5° Süd) regelmäßig ziemlich hohe Wasserdampfkonzentrationen in Reiseflughöhe gemessen werden. Dies könnte die bisher theoretische Annahme bestätigen, daß der Bereich um den Äquator tatsächlich ein »Tor zur Stratosphäre« darstellt und dort ein Luftaustausch zwischen Troposphäre und Stratosphäre stattfindet. Starke Vertikalbewegungen von Luftmassen würden das Vorhandensein der hohen Wasserdampfkonzentration in diesen Breiten erklären.

Neben dem Mozaic-Programm finden Messungen weiterer Gase ebenfalls mit Verkehrsflugzeugen statt. Eine Boeing 747-200 der Japan Airlines mißt auf Flügen zwischen Japan und Australien regelmäßig den Kohlendioxid- und Methangehalt der Atmosphäre. Die gesammelten und verdichteten Luftproben werden nach der Rückkehr in Japan ausgewertet.

Die Swissair hat eine Boeing 747-300-Combi modifiziert und mißt insbesondere den Stickoxidgehalt (NO und NO_2) der Atmosphäre auf den Strecken von Zürich nach Boston, Chicago, Atlanta, Bombay, Hongkong und Seoul. Wegen der hohen Fluggeschwindigkeit und der geringen NO_x-Dichte müssen besonders sensible Meßgeräte eingesetzt werden.

Übrige Schadstoffe

Der Ausstoß von Schwefeldioxid, Kohlenmonoxid und unverbrannter Kohlenwasserstoffe ist zwar, im Verhältnis zu den Unmengen an verbrauchtem Treibstoff, sehr gering, doch reichern sie die Atmosphäre zusätzlich mit Schadstoffen an.

Kohlenmonoxid entsteht als Produkt bei unvollständiger Verbrennung und beeinflußt hauptsächlich die Atmung von Menschen und Tieren. Eine erhöhte Kohlenmonoxid-Konzentration in der Atemluft verringert bzw.

blockiert die Sauerstofftransportkapazität des Blutes und kann so, insbesondere bei kranken und anfälligen Menschen, zu einer Unterversorgung empfindlicher Organe wie dem Herzen oder dem Gehirn führen. Höhere Dosen führen zu Kopfschmerzen sowie Bewußtlosigkeit bis hin zum Tod.

Die Kohlenwasserstoffe (HC) sind gefürchtet, da sie teilweise als krebserregend gelten.

Das Schwefeldioxid (SO_2) ist hauptverantwortlich für den sauren Regen, da es besonders in den unteren Luftschichten in Schwefel und schwefelhaltige Säure umgewandelt und ausgeregnet wird. Das farblose, stechend riechende Gas entsteht bei der Verbrennung schwefelhaltiger Energieträger (ist auch im Kerosin in sehr geringen Mengen enthalten) und kann beim Menschen die Atemwege schädigen.

> Der luftfahrtbedingte Ausstoß an HC und SO_2 konnte mit Einführung neuer Triebwerke drastisch verringert werden. So erzeugen die Triebwerke einer Boeing 747-400 heute etwa 85% weniger Kohlenwasserstoffe als beim älteren Modell Boeing 747-200. Absolut betrachtet konnte die Swissair im LTO-Bereich (Landing-Take-Off) der Flughäfen Zürich, Genf und Basel eine Verringerung der HC-Emission um 53% verzeichnen (Zeitraum 1989–1992).

7 Schadstoffbilanz eines Fluges

Aufgrund der genannten Abhängigkeiten bei der Schadstoffentstehung und der dargestellten Wirkungsweise von Schadstoffemission durch Flugzeuge kann jetzt für jeden Flug eine Art Schadstoffbilanz aufgestellt werden. Je mehr Parameter, wie Triebwerkstyp, Windverhältnisse, exakter Ladefaktor des Flugzeuges usw. in die Betrachtung eingehen, um so genauer wird eine Auswertung der Daten ausfallen. Die Summe aller unbekannten oder nicht zur Verfügung stehenden Informationen kann als beliebige Variable bezeichnet werden und als unbekannter Einflußfaktor in die Darstellung mit einfließen.

Ein weiterer Unsicherheitsfaktor stellt die Verteilung der Schadstoffe dar. Sie kann, wie erläutert, im LTO-Zyklus zwar ziemlich genau bestimmt werden, im Reiseflug jedoch ist dies bei den hohen Geschwindigkeiten und den schnell wechselnden Winden kaum möglich. In diesem Bereich können die emittierten Schadstoffe daher nur mit ihrer generellen Wirkungsweise in bezug auf die freigesetzte Menge beurteilt werden.

Am Beispiel eines Fluges von Zürich nach Bangkok mit einem modernen Langstreckenflugzeug vom Typ MD-11 soll nun aufgezeigt werden, welche Schadstoffmengen konkret entstehen. Dieser Jet kann bei einer Drei-Klassen-Bestuhlung bis zu 236 Passagiere befördern und selbst bei einem maximalen Abfluggewicht von 280,3 t noch 9500 km weit fliegen. Als weitere Parameter sind für den konkreten Flug (Swissair-Flug SR 182 am 23.6.1993) zu nennen:

- Streckenlänge: 9300 km
- Flugzeit: 10 h 45 min
- Anzahl Passagiere: 137 (Auslastung 58%)
- Geplante Flughöhe: FL330 (33000 Fuß)
- Geplante Geschwindigkeit: Mach 0,82
- Durchschnittlicher Treibstoffverbrauch im Reiseflug pro Triebwerk: 2200 kg/Stunde

Beim Briefing, der Vorbesprechung vor dem Flug, erhalten die Piloten die genauen Gewichts- und die daraus resultierenden Betankungsdaten.

Bei einem voraussichtlichen Gewicht des Flugzeuges von 165 Tonnen (ohne Treibstoff) werden für den reinen Flug der geplanten Flugroute exakt 81,6 Tonnen Kraftstoff benötigt. Dazu kommen noch 700 Kilogramm Kerosin um zur Startbahn zu rollen, 3,2 Tonnen für ein eventuelles Durchstartmanöver sowie unvorhersehbares Kreisen vor der Landung. Zusätzlich werden noch weitere 3,4 Tonnen Kerosin zum Anfliegen eines Ausweichflughafens eingeplant, was für eine Flugzeit von 25 Minuten reicht. Um mögliche Ungenauigkeiten der Anzeigen und unerwartete Windänderungen abzudecken, kommen schließlich noch 3,2 Tonnen Reservekraftstoff hinzu. Das macht insgesamt eine Treibstoffmenge von 92,1 Tonnen, was die Piloten dann großzügig auf 94 Tonnen aufrunden. Bei einem spezifischen Gewicht von ungefähr 790 Gramm je Liter und bei der derzeitigen Außentemperatur müssen demnach 119000 Liter Treibstoff getankt werden (Abb. 32).

Abb. 32. Die Betankung von Flugzeugen erfolgt auf vielen Flughäfen, wie hier in Frankfurt, über ein unterirdisches Pipelinesystem. Ein Servicefahrzeug reguliert dabei den Druck und mißt die Treibstoffmenge, bevor der Kraftstoff in die Flügel strömt.

Unter Berücksichtigung der getankten Treibstoffmenge und nach Abzug von 700 kg Kerosin, welches bereits am Boden verbraucht wird, beträgt das Abfluggewicht der MD-11 genau 258,3 Tonnen. Aus den Treibstoffdaten ergibt sich daher nebenstehende Kraftstoffbilanz (Tabelle 25).

Da der Treibstoff für den Flug auf Basis des berechneten Abfluggewichts ermittelt wird, ist der tatsächliche Kraftstoffverbrauch regelmäßig höher. Dies liegt hauptsächlich daran, daß ein Teil des Treibstoffes allein zum Transport des als Sicherheitsreserve mitgenommenen benötigt wird.

Um eine Überhitzung der Triebwerke zu vermeiden, messen Sensoren die Temperaturen an verschiedenen Stellen des Triebwerks. Die Anzeige im Cockpit läßt auch Rückschlüsse darauf zu, wie sauber das Luft-Kerosin-Ge-

Tabelle 25. Kraftstoffbilanz des Fluges SR 182.

	Berechnetes Gewicht/ Menge	tatsächlicher Kerosin- verbrauch
Abfluggewicht ohne Treibstoff	165,0 t	
Treibstoff für den Flug	81,6 t	
Treibstoff für den Rollvorgang	0,7 t	0,7 t
Treibstoffzuschlag aus Sicherheitsgründen und Rundung	11,7 t	
Getankte Menge Treibstoff	94,0 t	
Abfluggewicht	258,3 t	
Treibstoff für den Flug		84,2 t
Landegewicht	174,1 t	
Treibstoff für den Rollvorgang	0,7 t	
Summe	173,4 t	85,6 t

misch verbrannt wird. Üblich ist eine Austrittstemperatur von ca. 450° C, wobei die Triebwerke 5 Minuten lang auch Temperaturen bis zu 660° C unbeschadet überstehen.

Aufgrund des berechneten Abfluggewichts weist der Betriebsflugplan zur Minimierung des Treibstoffverbrauches eine optimale Flughöhe auf FL349 aus. Diese Minimierung unterliegt allerdings den Beschränkungen (Nebenbedingungen) der Flugsicherung sowie der aktuellen Wettersituation. Der Treibstoffverbrauch weicht bei Flug SR 182 also allein schon durch die Tatsache vom Optimum ab, daß aus Flugsicherungsgründen auf FL330 geflogen werden muß.

Die durchschnittlich anfallenden Mengen an Reaktionsprodukten können anhand chemischer Gleichungen und verschiedener Messungen errechnet werden. Pro kg Kerosin werden für die Verbrennung 3,4 kg Sauerstoff benötigt. Läßt man den benötigten Treibstoff für die

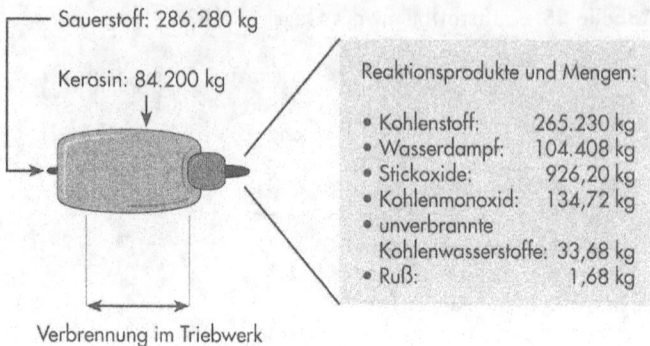

Abb. 33. Emittierte Schadstoffmengen am Beispiel des Fluges SR182.

Rollvorgänge (taxi-out, taxi-in) außer Betracht, so bedeutet das für unseren Fall, daß für die Verbrennung von 84,2 Tonnen (84.200 kg) Kerosin 286.280 kg Sauerstoff benötigt werden. Die entstandenen Reaktionsprodukte sind in Abbildung 33 zusammengefaßt.

Die so berechneten absoluten Schadstoffmengen für den Flug von Zürich nach Bangkok können je nach Zugrundelegen weiterer Einflußfaktoren von den tatsächlichen Werten um ca. 20% abweichen.

Geht man bei den Stickoxiden von einer für Menschen tödlichen Konzentration von 0,4 g pro m^3 Luft aus, so ergibt sich aus der emittierten Menge (926,2 kg) eine Verseuchung von 2,315 Mio m^3 Luft. Dies entspricht einem quadratischen Raum mit einer Kantenlänge von 132 Metern. Allerdings darf bei dieser Betrachtungsweise nicht vergessen werden, daß die Schadstoffe auf einer Strecke von 9300 Kilometern verteilt werden. Der Flugkorridor (Ort direkter Emission, ohne Berücksichtigung der sofort einsetzenden natürlichen Verteilung) kann mit den Maßen 9300 km x 100 m x 50 m = 46500 Mio m^3 festgelegt werden. Daraus ergibt sich, daß jeder m^3 Luft

Tabelle 26. Gewichtsanteile bei dem Flug SR182.

Leergewicht der MD-11	137,0 t
Fracht	11,8 t
Passagiere 137 +16 Besatzungsmitglieder	15,3 t
Sonstiges (Verpflegung, Duty Free-Artikel)	0,9 t
Σ	165,0 t

in diesem Korridor mit $1,99 \times 10^{-4}$ g Stickoxiden belastet wurde.

Auf der Basis dieses Zahlenmaterials kann nun schrittweise ermittelt werden, welcher Schadstoffanteil auf jeden Passagier entfällt. Grundlage ist zunächst die effektiv geleistete Transportarbeit, nämlich die Beförderung von 165 t über eine Strecke von 9300 km. Das Gewicht teilt sich wiederum wie folgt auf (Tabelle 26).

Pro Person werden für die Gewichtsberechnung inklusiv Gepäck pauschal 100 kg angesetzt. Den jeweiligen Schadstoffanteil (in Kilogramm) nach Art des Gewichts zeigt Tabelle 27.

Unterstellt man, daß der Frachtanteil am Flugzeuggewicht seinen Schadstoffanteil selber zu tragen hat und das sonstige Gewicht, sowie der Anteil der Besatzung, den 137 Passagieren zuzurechnen ist, ergeben sich nach der Umverteilung für jeden Passagier folgende Durchschnittswerte (Tabelle 28). Diese können durch die unbekannten Einflußfaktoren sowohl positiv als auch negativ beeinflußt werden.

Ziel von Forschungen ist es daher, die unbekannten Einflußfaktoren zu minimieren und relativ exakte Schadstoffwerte für jeden einzelnen Flug zu ermitteln. Da jeder Flug andere Schadstoffwerte aufweist, ist es auf der Basis dieser Werte kaum möglich, Vergleiche mit den Emissionswerten anderer Verkehrsträger aufzustellen. Außer-

Tabelle 27. Schadstoffanteile nach Art des Gewichtes.

	Leergewicht MD–11	Fracht	Passagiere	Sonstiges	Σ
Kohlendioxid	220221,00	18968,00	24594,00	1447,00	265230,00
Wasserdampf	86690,00	7467,00	9681,00	570,00	104408,00
Stickoxide	769,00	66,20	85,90	5,10	926,20
Schwefeldioxid	69,91	6,02	7,81	0,46	84,20
Kohlenmonoxid	111,87	9,63	12,49	0,73	134,72
unverbrannte Kohlenwasserstoffe	27,96	2,41	3,13	0,18	33,68
Ruß	1,40	0,12	0,15	0,01	1,68
Σ	307891,14	26519,38	34384,48	2023,48	370818,48

Tabelle 28. Umverteilung des sonstigen Gewichts sowie des Gewichts der Besatzung.

	Umverteilung Fracht 69,54 t	Umverteilung Passagiere 95,46 t	Anteil pro Passagier
Kohlendioxid	111782,00 kg	153448,00 kg	1120,05 kg
Wasserdampf	44003,00 kg	60405,00 kg	440,91 kg
Stickoxide	390,35 kg	535,85 kg	3,91 kg
Schwefeldioxid	35,49 kg	48,71 kg	0,36 kg
Kohlenmonoxid	56,78 kg	77,94 kg	0,57 kg
unverbrannte Kohlenwasserstoffe	14,19 kg	19,49 kg	0,14 kg
Ruß	710 g	970 g	7,08 g
Σ	156282,52 kg	214535,96 kg	1565,94 kg

dem eignet sich die gewählte Betrachtungsweise (absolute Betrachtung) hierfür nicht sehr gut, da die entstehenden Schadstoffmengen nicht unmittelbar über den Energiegehalt des Treibstoffes Auskunft geben, und der Zeitfaktor gänzlich unberücksichtigt bleibt.

Zusammenfassend läßt sich feststellen, daß jeder Passagier bei einem Flug von Zürich nach Bangkok unter den gewählten Bedingungen die Umwelt mit ca. 1,5 Tonnen Schadstoffen (Annahme: Kohlendioxid und Wasserdampf sind den Schadstoffen zuzurechnen) belastet. Da davon auszugehen ist, daß die Fluggäste auch wieder zurückfliegen, verdoppelt sich die genannte Menge auf ca. 3 Tonnen.
Andererseits kann man somit auch berechnen, welche Schadstoffmengen emittiert werden, um ein Kilogramm Fracht auf der Strecke Zürich-Bangkok zu befördern. Legt man die Werte aus Tabelle 28

zugrunde, so fallen pro Kilogramm Fracht etwa 2,25 kg Schadstoffe an. Daraus folgt, daß beispielsweise ein Kilogramm Kiwi aus Neuseeland (umgerechnet auf die Strecke Auckland-Zürich, d.h. ca. 20000 km) die Atmosphäre mit 4,84 kg Schadstoffen belastet.

8 Neue technische Konzepte zur Umweltentlastung

Mantelstromtriebwerke

Eine unmittelbare Reduzierung der luftfahrtbedingten Emissionen geht von neuentwickelten Triebwerken aus. Dies gilt sowohl für die Lärmentwicklung als auch für das Entstehen von Schadstoffen.

Grundsätzlich ist eine Reduzierung des Schadstoffausstoßes direkt mit einer Verringerung des Treibstoffverbrauchs verknüpft. Alle wesentlichen Entwicklungen zielen derzeit in diese Richtung, wobei außerdem die Reduzierung von Stickoxiden vermehrt an Bedeutung gewinnt. Vor diesem Hintergrund soll zunächst erläutert werden, wie die in modernen Verkehrsflugzeugen (Jets) eingesetzten Mantelstromtriebwerke funktionieren (Abb. 34).

Wie bei allen herkömmlichen Verbrennungsmotoren, arbeiten auch die Triebwerke mit den klassischen Stufen der Verbrennung: Ansaugen → Verdichten → Verbrennen → Ausstoßen.

Charakteristisch für die heute fast ausschließlich zum Einsatz kommenden Mantelstrom-Triebwerke (Ausnahme: Turboprop-Flugzeuge) ist der auffällige Schaufelkranz (Fan) am Lufteinlaß, der die Luft ansaugt. Dabei

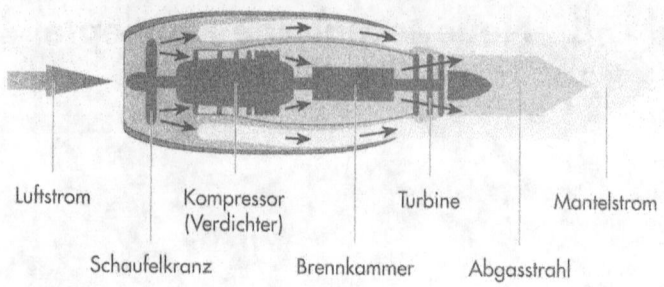

Abb. 34. Schematische Darstellung der Funktionsweise eines Mantelstromtriebwerks.

durchströmt ein Großteil der Luft nicht die Brennkammer, sondern wird um diese herumgeleitet. Dieser Mantel- oder Nebenstrom hat zweierlei Wirkungen. Zum einen sorgt er für zusätzlichen Schub und damit für eine höhere Antriebsleistung und zum anderen hüllt er den Abgasstrahl der Turbine in einen schalldämpfenden Luftmantel. Hinzu kommt, daß durch die Funktionsweise der Turbine der Fan angetrieben wird, was die Austrittsgeschwindigkeit des Abgasstrahls auf etwa die Hälfte reduziert und die Lärmentstehung somit mindert.

Der nicht als Mantelstrom genutzte Teil der angesaugten Luft gelangt zunächst in den Kompressor, wo er verdichtet wird. Eine Vielzahl hintereinander angeordneter Schaufelkränze wirkt dabei als Verdichter. Danach strömt die komprimierte Luft in die Brennkammer, wo sie mit Kerosin vermischt und gezündet wird. Über ein Ablaßrohr verläßt die heiße Luft schließlich das Triebwerk.

Lärmreduzierung

Für die Senkung des Lärmpegels ist bei Triebwerken der jüngsten Generation vorwiegend das Bypass-Verhältnis maßgebend. Darunter versteht man das Verhältnis zwischen Mantelstrom und Abgasstrahl.

Weisen heutige Triebwerke in der Regel ein Bypass-Verhältnis von 5:1 auf, so werden für künftige Triebwerksgenerationen Bypass-Verhältnisse von 15:1 und mehr angestrebt. Das würde bedeuten, daß lediglich 1/15 der angesaugten Luft überhaupt in die Brennkammer gelangt. Günstigere Lärmwerte sowie bessere Energieverbrauchsdaten können dadurch erwartet werden.

Je größer der Anteil des kalten Nebenstroms gegenüber dem heißen schnellen Strahl aus der Brennkammer ist, desto größer ist die Schubleistung und desto mehr sinkt der Geräuschpegel. Dieser Tatsache wirkt allerdings entgegen, daß durch eine höhere Umdrehungszahl des Fans sowie der Turbine die verbrennungsunabhängige Lärmkomponente an Intensität zunimmt.

Der Fanlärm entsteht vorwiegend durch unausgeglichene aerodynamische Wechselwirkungen zwischen sich drehenden und stationären Profilen. Dadurch entstehen im Triebwerksgehäuse akustische Druckmuster, die sich in Form von Lärm bemerkbar machen. Die Umwandlung in akustische Energie stellt dabei eine Funktion aus der Blattspitzengeschwindigkeit des Fans, der Geschwindigkeit des Luftstroms im Fangehäuse sowie der jeweiligen Frequenz der Lärmquelle dar.

Grafisch können die Abhängigkeiten sehr vereinfacht als lineare Funktion veranschaulicht werden, wobei die Einflüsse auf die Funktion als in unterschiedliche Richtungen weisende Vektoren dargestellt sind (Abb. 35).

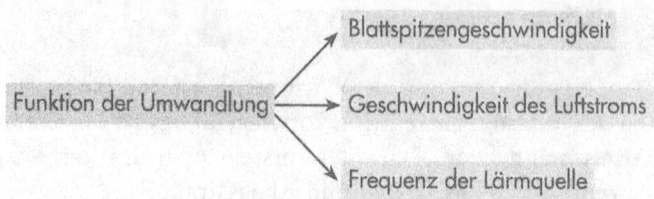

Abb. 35. Umwandlung der Lärmkomponenten in akustische Energie.

Da sich mit einer Erhöhung des Bypass-Verhältnisses das Problem der Lärmentwicklung vom Abgasstrahl weg und hin zum Triebwerksfan verlagert, sind die Ansatzpunkte für eine Lärmreduzierung vorwiegend im Fanbereich zu suchen. Aus konzeptionellen Gründen ist eine Vergrößerung des Fandurchmessers, und damit eine Verringerung der Drehzahl (was wiederum eine Lärmminderung bewirkt), nicht in beliebigem Umfang möglich. Neuerungen müssen in diesem Zusammenhang also vorwiegend innerhalb der bestehenden Triebwerkskonzepte erfolgen. Dabei haben sich verschiedene Ansätze herausgebildet.

- Verringerung der Anzahl an Streben im Triebwerksgehäuse
- Harmonisierung der Anzahl an Streben mit der Anzahl der Fanblätter
- Verhinderung des Lärmaustritts aus dem Triebwerk

Ein bisher weniger beachtetes Problem ist der unterschiedliche Winkel, in dem die angesaugte Luft auf den Fan trifft. Besonders beim lärmintensiven Start wird mit zunehmender Steigrate der Winkel spitzer, wodurch der Fan ungleichen Belastungen ausgesetzt ist. Zwar könnte eine variable Triebwerksaufhängung hier Abhilfe schaffen, doch die technischen Voraussetzungen sind derzeit noch nicht gegeben.

Schadstoffreduzierung

Obwohl bei der Entwicklung neuer Triebwerke eine generelle Senkung aller Schadstoffemissionen angestrebt wird, steht in zunehmendem Maße die Reduzierung der Stickoxide im Vordergrund. Da eine Reduzierung von Schadstoffen immer am Entstehungsort am wirksamsten ist, liegt der Schwerpunkt der Entwicklungen bei der Konzeption neuartiger Brennkammern.

In einer Brennkammer gibt es Zonen unterschiedlicher Temperaturen, die die Bildung von Stickoxiden mehr oder weniger begünstigen. Bekannt ist auch, daß die NO_x-Produktion am Ort der Kerosineinspritzung am größten ist.

Die NO_x-Bildung hängt außerdem von dem Mischungsverhältnis des Luft-Kerosin-Gemisches ab. Überwiegt der Luftanteil am Verbrennungsgemisch, spricht man von einer mageren Verbrennung. Ein fettes Gemisch liegt dagegen vor, wenn der Kerosinanteil überwiegt.

Welches Mischungsverhältnis die Triebwerke benötigen, hängt stark vom jeweiligen Betriebszustand ab. Während für den Rollvorgang sowie für den Reiseflug magere Gemische ausreichen, ist für den Start und den anschließenden Steigflug vorwiegend ein fettes Gemisch notwendig.

Neue Brennkammersysteme, die auf einer unterschiedlichen Zusammensetzung des Luft-Kerosin-Gemisches beruhen, können daher sein:

Magerverbrennung ohne Vormischung (-30%)
Fett-mager-Stufung bei der Verbrennung (-70%)
Magerverbrennung mit Vormischung (-85%)

Setzt man die relative NO_x-Emission heutiger, konventioneller Triebwerke gleich 100%, so läßt sich bei den aufgeführten Brennkammersystemen die NO_x-Entstehung um den angegebenen Prozentsatz verringern.

Magerverbrennung ohne Vormischung: Da bei der Magerverbrennung ohne Vormischung überwiegend relativ geringe Verbrennungstemperaturen auftreten, kommt es darauf an, ein möglichst homogenes Luft-Kerosin-Gemisch (gleichmäßige Durchmischung der Partikel) zu verbrennen. Sonst können in der Brennkammer leicht heiße Stellen entstehen, wo es dann zu einer vermehrten NO_x-Bildung kommt.

In Zusammenarbeit mit der NASA hat der amerikanische Triebwerkshersteller GE Aircraft Engines (GEAE) eine Brennkammer mit zwei hintereinanderliegenden Verbrennungszonen entwickelt.

Bei dieser Konzeption ist es möglich, den Treibstoff je nach gewünschter Leistung an verschiedenen Orten einzuspritzen. Da bei einer hohen Leistung die Treibstoffeinspritzung in beiden Verbrennungszonen erfolgt, wird eine höhere homogene Durchmischung von Kerosin und Luft unterstützt. Regelt man den Treibstoffzufluß entsprechend, kann dadurch ein mageres Luft-Treibstoff-Gemisch erreicht werden, was zu einer Reduktion der Stickoxid-Entstehung führt.

Triebwerke mit dieser neuartigen Brennkammer kommen bei Großraumflugzeugen erstmals bei der ebenfalls neuentwickelten Boeing 777 zum Einsatz. Im Kurz- und Mittelstreckenbereich treiben diese Triebwerke teilweise bereits die Airbustypen A320 und A321 an.

Fett-mager-Stufung bei der Verbrennung: Bei diesem Triebwerkskonzept wird versucht, die Brennkammer generell zweizuteilen, um sowohl einen fetten als auch einen mageren Verbrennungsvorgang zu ermöglichen. So kann je nach Lastzustand der Triebwerke eine Minimierung der NOx-Entstehung erzielt werden.

In der ersten Stufe verbrennt das Kerosin zunächst bei einer Temperatur von 2000° C mit möglichst wenig Luft. Danach gelangt das mit weiterer Luft angereicherte Gemisch in die zweite, ca. 1800° C heiße Brennkammer. Ein effektives Verfahren, wie das Verbrennungsgemisch von einer Stufe in die nächste geleitet werden kann, ist bisher noch nicht gefunden worden. Außerdem besteht noch das Problem, wie die zusätzliche Luft vor Erreichen des zweiten Verbrennungsvorgangs beigemischt werden kann, ohne daß sie in die erste, fette Stufe eindringen kann.

Nach dem heutigen Stand der Entwicklungen zufolge, wird die Einführung einer Fett-mager-Stufung mit einer entsprechenden Brennkammer nicht vor dem Jahr 2000 erfolgen können.

Magerverbrennung mit Vormischung: Eine Magerverbrennung mit Vormischung wird frühestens ab dem Jahr 2005 zur Serienreife gelangen. Zu groß sind aus heutiger Sicht die technischen Probleme bei der Realisierung. Außerdem können mit den derzeit zur Verfügung stehenden technischen Möglichkeiten zahlreiche Sicherheitsbedenken nicht hinreichend ausgeräumt werden.

Bei dieser Art der Magerverbrennung ist daran gedacht, das Luft-Kerosin-Gemisch bereits zu vermischen und zu verdampfen, bevor es in der Brennkammer gezündet wird.

Dadurch kann eine extrem homogene Durchmischung erzielt werden. Wegen der Verdampfung und der räumlichen Nähe zur Brennkammer weist das Gemisch aller-

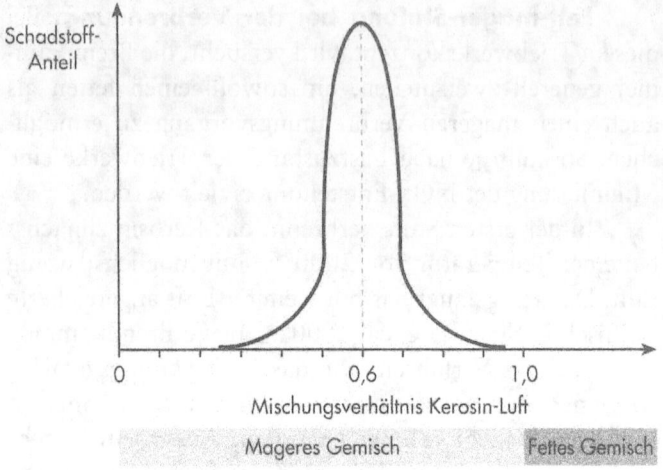

Abb. 36. Verteilung der Schadstoffentstehung bei unterschiedlichen Mischungsverhältnissen.

dings schon hohe Temperaturen auf und es besteht das Risiko, daß die Zündflamme in die der Brennkammer vorgelagerte Vormischzone zurückschlägt.

Was das Mischungsverhältnis von Kerosin und Luft betrifft, so gibt es neben den beiden Extremen (Vollast → fettes Gemisch → hohe Verbrennungstemperatur → hohe NO_x-Produktion, Leerlauf → mageres Gemisch → niedrige Temperatur → hohe HC und CO-Produktion) einen kleinen Bereich, in dem alle Schadstoffemissionen relativ niedrig sind. Diese Spanne liegt im mageren Mischungsbereich zwischen 0,5 und 0,7, wobei dem Wert 1,0 das Mischungsverhältnis 1:1 zugeordnet ist. Bei Werten >1 spricht man daher von einem fetten Gemisch. Obenstehende Grafik (Abb. 36) verdeutlicht das schmale Schadstofffenster.

Propfan: das Propellergebläse

Durch die zunehmende Dringlichkeit einer Schadstoffreduzierung bei Flugzeugtriebwerken tritt die Entwicklung völlig neuer Antriebsaggregate immer mehr in den Hintergrund. Obwohl die Forschungen auf dem Gebiet der Neuentwicklungen ziemlich fortgeschritten sind und sich teilweise sogar in der praktischen Erprobung befinden, werden die Chancen für einen kommerziellen Einsatz bei Verkehrsflugzeugen immer geringer.

Vermutlich werden sich in absehbarer Zeit alle wesentlichen Forschungsansätze auf die Weiterentwicklung von Mantelstromtriebwerken konzentrieren.

Der Grundgedanke bei der Entwicklung von Propfans ist, einfach ausgedrückt, zurück zum Propeller.

Ziel ist es, damit eine Reisegeschwindigkeit ähnlich der Flugzeuge mit Strahltriebwerken zu erreichen und dabei rund 30 Prozent an Kraftstoff einzusparen. Mit der Zeit sind konkrete Vorstellungen entstanden.

Geforscht wird jetzt mit einer Art Luftschraube, die jedoch nicht nur drei oder vier, sondern mindestens acht bis zehn Propellerblätter besitzen soll. Diese sehr kurzen, wie Türkensäbel gekrümmten Propeller überlappen sich dabei gegenseitig und greifen ineinander. Da diese recht ungewöhnliche Anordnung mehr einem Fan (Gebläse) als einem Propeller gleicht, nennt man dieses Triebwerk Propfan.

Das Propfan funktioniert ähnlich wie herkömmliche Triebwerke. Zunächst wird Luft angesaugt und zusammen mit dem Treibstoff in einer Brennkammer verbrannt. Dann aber zeigt sich der entscheidende Unterschied. Die freiwerdende Energie wird in Form einer Rückstoßwirkung nicht einfach am hinteren Ende des Triebwerkes abgelassen, sondern sie treibt die dort angebrachten Ringe mit den Propellern an. Dies macht eine exakte Synchronisation der Drehzahlen der einzelnen Propellerblätter erforderlich.

Während der Entwicklung von Propfans sind einige Probleme aufgetreten, die bisher noch nicht zur Zufriedenheit gelöst werden konnten. Als größtes Problem muß die Lärmbelastung genannt werden, da die hohe Leistungsaufnahme der Propeller zu einer starken Zunahme der Lärmentwicklung führt. Dadurch ist es indiskutabel geworden, die Propfans unter den Flügeln anzuordnen. Man müßte die Fluggastkabine so stark isolieren, daß die bessere Wirtschaftlichkeit der Triebwerke durch das höhere Gewicht des Flugzeuges fast wieder ausgeglichen wäre. Aus diesem Grund bleibt nur die Möglichkeit, die Triebwerke am Heck der Maschine anzubringen. Auf jeder Seite kann dort jeweils ein Propfan installiert werden, womit zumindest das Lärmproblem für die Passagiere gelöst ist. Für den Einsatz von Propfans kommen aus diesem Grund vorerst nur Flugzeugtypen wie die MD-80 oder die Fokker 100 in Frage, da diese auf einen Heckantrieb ausgelegt sind.

Unducted Fan: das alternative Triebwerk für Kurz- und Mittelstrecken?

Die Firma GE Aircraft Engines hat versucht, auf Basis eines Propfans ein ganz neues Triebwerkskonzept zu verwirklichen, ein mantelloses Gebläse, den sogenannten Unducted Fan (UDF).

Bei dieser Auslegung werden die gegenläufigen Propeller direkt durch die Turbine angetrieben, weshalb ein Getriebe nicht mehr nötig ist. Um den Propellerdurchmesser aber so gering wie möglich zu halten, muß man die Drehzahl erhöhen, um die gleiche Leistung zu erzielen. Das hat nun wiederum zur Folge, daß die Belastungen der Propeller bei einem UDF fast doppelt so hoch sind wie bei einem normalen Propfan.

Es wurde nun ein umfangreiches Versuchs- und Erprobungsprogramm gestartet, um herauszufinden, ob letztendlich alle theoretischen Grundlagen auch in der Praxis funktionieren und gut genug umgesetzt werden können. Zu diesem Zweck hat man eine MD-80 mit dem Prototyp eines UDF-Triebwerkes ausgerüstet.

Testflüge über der kalifornischen Mojave-Wüste verliefen sehr vielversprechend. Theorie und Praxis stimmen also überein. Jetzt gilt es, die neuen Triebwerke zu verfeinern, damit sie optimal arbeiten. Wie bei den Propfans ist auch hier das Lärmproblem noch nicht zur Zufriedenheit gelöst.

Der Einsatz von UDF-Triebwerken wird ebenfalls auf Kurz- und Mittelstreckenflugzeuge beschränkt bleiben, da bei den Langstreckenjets mit ihrer hohen Reisegeschwindigkeit und den unter den Flügeln aufgehängten Triebwerken ein sinnvoller Einsatz derzeit nicht denkbar ist. Außerdem hat die Planung und Entwicklung immer größerer Flugzeuge sowie Flugzeuge mit gesteigerter Reichweite (extended range) in den vergangenen Jahren die Entwicklung von alternativen Triebwerkskonzepten etwas überrollt. Ob und wann Unducted Fans eingesetzt werden, ist bis heute noch nicht abzuschätzen.

> Zusammenfassend läßt sich feststellen, daß der Markt heute zunehmend sehr leistungsstarke Mantelstrom-Triebwerke mit einem hohen Bypass-Verhältnis wünscht. Von zunehmender Bedeutung ist ferner eine Reduzierung der Betriebskosten sowie eine möglichst große Umweltverträglichkeit.

Alternative Flugkraftstoffe

Schon heute steht fest, daß die Ölreserven auf unserer Erde in absehbarer Zeit aufgebraucht sein werden. Die bekannten, nach heutigem Stand wirtschaftlich nutzbaren Ölvorkommen, reichen bei einer entsprechenden Berücksichtigung des Verbrauchanstiegs noch rund 40 Jahre. Dabei liegen etwa 75% der Reserven im Gebiet des Mittleren Ostens.

Nach den letzten Ölkrisen haben deshalb weltweit Forschungen begonnen um herauszufinden, welche anderen Energiequellen man für die Menschen erschließen und nutzbar machen könnte. Generell wird versucht, fossile Energieträger durch erneuerbare Energien zu ersetzen. Diese Entwicklung wird dadurch unterstützt, daß die Einführung neuer Technologien langfristig geplant werden muß und sich mögliche Fragen ergeben, auf die es heute noch keine Antwort gibt. Unsicherheitsfaktoren können beispielsweise sein:

- Wie lange reichen welche fossilen Rohstoffe noch?
- Wie lange kann man es sich im Blick auf den Treibhauseffekt noch erlauben, fossile Energieträger zu verbrennen und CO_2 freizusetzen?
- Wie wirkt sich die rapide wachsende Weltbevölkerung und eine beginnende Industrialisierung in heutigen Entwicklungsländern aus?
- Wann muß mit der Umstellung auf erneuerbare und umweltverträgliche Energien spätestens begonnen werden, um eine globale Energieversorgung bei Versiegen der fossilen Rohstoffquellen sicherzustellen?

Je nachdem, welche Antworten auf die genannten Fragen gefunden werden, ist der Druck mehr oder weniger stark, die Forschungen voranzutreiben, um einen bestimmten fossilen Energieträger zu ersetzen. Höchste Dringlichkeit ist derzeit hinsichtlich des Rohöls gegeben und es wird bereits versucht, Alternativen für diesen Rohstoff zu finden.

Dabei haben sich die Wissenschaftler auch überlegt, was man außer Kerosin, das ja aus Rohöl hergestellt wird, als Flugkraftstoff verwenden könnte. Überlegungen für einen Antrieb aus Kohlenstaub oder Atomenergie wurden nach kurzer Zeit wieder aufgegeben, da die damit verbundenen Probleme und Sicherheitsrisiken nicht gelöst werden konnten. Zwar könnte man Kerosin auch aus anderen fossilen Energieträgern gewinnen, die Kosten würden jedoch drastisch steigen.

> Heute werden als alternative Flugkraftstoffe Methan (endliche, fossile Ressource) und Flüssig-Wasserstoff die größten Chancen eingeräumt.
> Ein wichtiger Vorteil dieser Stoffe liegt darin, daß sie auch aus Kohle, Ölschiefer und sogar aus organischen Abfällen hergestellt werden können. Wasserstoff läßt sich hauptsächlich durch Zerlegen von Wasser gewinnen, und das ist auf unserer Erde reichlich und fast überall vorhanden.

Der Nachteil der Wasserstoffgewinnung besteht darin, daß für die Spaltung in H_2 und O sehr viel Energie in Form von elektrischem Strom benötigt wird. Um eine reine Emissionsumschichtung zwischen den Energieträgern zu vermeiden, müßte man bei der Stromerzeugung auch auf fossile Brennstoffe verzichten.

Würde lediglich der innereuropäische Flugverkehr auf Wasserstoffantrieb umgestellt, benötigte man täglich ca. 6000 Tonnen. Um diese Menge Wasserstoff durch

Elektrolyse zu gewinnen, wäre die elektrische Energie von 10 Großkraftwerken erforderlich.

Weitere infrastrukturelle Restriktionen ergeben sich dadurch, daß die bekannten Technologien zur Herstellung, Verflüssigung, Lagerung und Verteilung von Wasserstoff noch nicht ausgereift genug sind, um für eine Massenproduktion zur Verfügung zu stehen. Daraus läßt sich auch die Tatsache erklären, daß die Herstellung von Wasserstoff heute noch um ein Vielfaches teurer ist als von Kerosin. Durch gezielte politische Maßnahmen, wie z.B. durch Technologieförderprogramme, könnte man die Herstellung für die Unternehmen wirtschaftlich interessant machen.

Im Gegensatz zum herkömmlichen Kerosin, verbrennen Methan und Wasserstoff in den Triebwerken nahezu vollständig. Wenn Wasserstoff verbrennt (mit Sauerstoffteilchen oxidiert), entsteht als Reaktionsprodukt Wasserdampf. Schadstoffe, mit Ausnahme von Stickoxiden, fallen nicht an. Möglichst geringe Stickoxidwerte bei der Verbrennung werden daher auch bei alternativen Energieträgern von entscheidender Bedeutung sein.

Wasserdampf entsteht bei der Verbrennung von Wasserstoff in großen Mengen. Es ist daher fraglich, ob im Hinblick auf die Treibhauswirkung eine 2,6-fache Zunahme gegenüber dem Kerosin hingenommen werden kann.

> Obwohl die Idee, Wasserstoff als Flugkraftstoff einzusetzen, grundsätzlich nicht schlecht ist, gibt es zahlreiche, bisher noch ungelöste technische Probleme. Wo und wie soll man den neuen Kraftstoff unterbringen? Bei den irdischen Temperaturen kommt sowohl Wasserstoff als auch Methan gasförmig vor, und Gase lassen sich sehr schlecht transportieren.

Für den Transport müssen diese Stoffe zuvor verflüssigt werden, wozu allerdings auch wieder viel Energie benötigt wird. Methan wird erst bei -162 Grad und Wasserstoff sogar erst bei -253 Grad Celsius flüssig. Durch das größere Volumen von Flüssig-Wasserstoff müßten die Flugzeugtanks etwa viermal so groß sein wie bisher, wodurch ein Großteil der Frachtkapazität verloren gehen würde, da eine Unterbringung in den Flügeln nicht mehr möglich wäre. Andererseits würden wegen der höheren Energiedichte pro Masse von Flüssig-Wasserstoff (2,8 mal höher als Kerosin) kleinere Flügel und schwächere Triebwerke ausreichen, um den Jet anzutreiben (geringeres Abfluggewicht), oder man könnte bei unveränderter Konfiguration die Nutzlast erhöhen.

Verschiedene Flugzeughersteller haben inzwischen Studien angefertigt, wo die voluminösen Wasserstofftanks untergebracht werden können und welche Abmessungen man für die Flugzeuge wählen muß. Um die Entwicklungskosten bei der Einführung eines neuen Treibstoffes in der Luftfahrt zu minimieren, wird die erste Generation von Wasserstoff-Flugzeugen auf vorhandenen konventionellen Flugzeugtypen aufbauen. Das europäische Forschungsprogramm stützt sich bei seiner Konzeption auf die Airbus-Typen A300 und A310. Dabei hat sich die Anordnung der Wasserstofftanks auf der Rumpfoberseite als günstigste Möglichkeit erwiesen, da sowohl die Nutzung der Passagierkabine als auch der Unterflurladeräume uneingeschränkt möglich ist (Abb. 37). Flugzeuge für den Interkontinentalverkehr müßten jedoch, um die riesigen Tanks unterzubringen, von Grund auf neu entwickelt werden. Um einen wirtschaftlichen Einsatz zu ermöglichen, müßte man die Jets generell größer bauen.

Abb. 37. So könnte ein mit Wasserstoff angetriebenes Flugzeug auf Basis eines Airbus aussehen. Die voluminösen Treibstofftanks befinden sich dabei über der Passagierkabine.

Auch auf den Flughäfen sind dann zahlreiche bauliche Änderungen notwendig, um die Flugzeuge abstellen und den Wasserstoff lagern und vertanken zu können.

In die Überlegungen, wie diese technischen Probleme bewältigt werden können, muß auch der Sicherheitsaspekt einfließen. Dazu müssen noch Möglichkeiten gefunden werden, wie der Flüssig-Wasserstoff auch über größere Zeiträume ausreichend gekühlt, und die Tanks auf Dauer absolut dicht verschlossen werden können.

Flüssig-Wasserstoff besitzt gegenüber Flüssig-Erdgas (Methan) den Vorteil einer hohen Verdampfungsrate (Kerosin verdampft überhaupt nicht). Unter Sicherheitsgesichtspunkten hat dies den Vorteil, daß der verdampfte Wasserstoff schnell nach oben in die Atmosphäre entweicht. Daher wurde von einer Unterbringung der Tanks in den Unterflurladeräumen Abstand genommen. Hinzu kommt, daß Wasserstoff extrem zündfreudig ist, wodurch austretender Wasserstoff abbrennt, bevor eine hohe Konzentration zur Detonation führen kann. Da die Verbrennung sehr schnell und bei einer geringen Strahlungshitze abläuft, ist es kaum möglich, daß der Aluminiumrumpf eines Flugzeuges durchbrennt. Ein Defekt an den Tanks müßte also nicht zwangsläufig zum Absturz des Flugzeuges führen.

In der ehemaligen Sowjetunion hat man bereits ein Düsenflugzeug vom Typ Tupolew TU154 umgebaut und mit einem Wasserstoffantrieb ausgerüstet. Ein Triebwerk des dreistrahligen Versuchsflugzeuges kann wahlweise mit konventionellem Kerosin, Erdgas (Methan) oder mit Wasserstoff betrieben werden. Die Tests mit dem neuen Treibstoff Wasserstoff sind bisher erfolgreich verlaufen.

Erste politische Gespräche für eine deutsch-russische Kooperation auf dem Gebiet der alternativen Antriebsforschung fanden bereits 1988 statt. Künftig wird das Projekt in enger Zusammenarbeit mit der Daimler-Benz Aerospace Airbus GmbH unter dem Namen Cryoplane (Anmerkung: kryo = griechisch für Kälte) weitergeführt.

Wegen der extrem langen Produktzyklen in der Luftfahrt, von den ersten Entwürfen für ein neues Flugzeug bis zu dessen Ausmusterung vergehen ca. 50 Jahre, ist es erforderlich, mit gezielten Vorarbeiten für einen Flüssig-Wasserstoffantrieb rechtzeitig zu beginnen. Für das deutsch-russische Gemeinschaftsprojekt hat man daher einen Programmphasen-Plan aufgestellt, der den zeitlichen Rahmen für die jeweils erforderlichen Phasen absteckt (Tabelle 29).

Unter Annahme von günstigsten Voraussetzungen kann, wie der Phasenplan zeigt, mit einem serienmäßigen Einsatz von wasserstoffgetriebenen Flugzeugen frühestens im Jahr 2010 gerechnet werden. Geopolitische Ver-

Tabelle 29. Programmphasen-Plan zur Verwirklichung eines wasserstoffgetriebenen Flugzeuges.

	1991-2000	2000-2010
Realisierbarkeits-Studie		
Absicherung der *analytisch*:		
Realisierbarkeit *experimentell*:		
Komponentenentwicklung		
Triebwerkentwicklung		
Flugversuche/Demonstration		
Entwicklung Seriengerät		

änderungen und/oder gezielte politische Maßnahmen zu einer drastischen Reduzierung des Verbrauchs fossiler Energieträger könnten jedoch zu einer schnelleren Umsetzung des Entwicklungsprogramms führen.

Mit an Sicherheit grenzender Wahrscheinlichkeit werden während der Programmphasen neue Probleme und Unzulänglichkeiten auftreten, die bisher noch nicht abschätzbar sind. Die Bewältigung all dieser Probleme stellt daher für die Wissenschaftler und Ingenieure noch eine große Herausforderung dar. Sicherlich ist der Schritt, einmal Wasserstoff in der Luftfahrt als Treibstoff einzusetzen größer, als vom Propellerantrieb zu den Düsentriebwerken.

Einführung von emissionsabhängigen Start- und Landegebühren

Verschiedentlich wird in gesellschaftlichen und politischen Kreisen diskutiert, eine Energiesteuer einzuführen. Grundgedanke dabei ist, eine Abgabe zu erheben, die sowohl den Energieverbauch als auch die dabei entstehende Schadstoffemission berücksichtigt. Konkret bedeutet dies, daß Energiesparer bei einem vergleichsweise geringen Schadstoffausstoß entsprechend wenig zu zahlen haben, während das produzierende Gewerbe mit seinem tendenziell großen Energiebedarf, hohe Abgaben zu entrichten hätte.

Unterschieden werden muß in diesem Zusammenhang zwischen einer reinen Energiesteuer, der die benötigte Energie zugrunde liegt, und einer CO_2-Steuer/Abgabe, die sich nach der entstehenden Emission berechnet. Während in Europa eine Energiesteuer favorisiert wird, da man damit auch die Atomenergie erfassen könnte, räumt die USA derzeit einer CO_2-Steuer die besseren Chancen ein.

Grundlage für eine Berechnung der Steuer/Abgabe könnte das jeweils freigesetzte Kohlendioxid sein, da nach heutiger Sicht und derzeitigem Forschungsstand einer Verringerung dieses Treibhausgases oberste Priorität eingeräumt werden muß. Das hätte außerdem zur Folge, daß die Entwicklung von fossilen Energieträgern weg und hin zu erneuerbaren und umweltverträglicheren Energien nachhaltig unterstützt würde.

Probleme ergeben sich insbesondere hinsichtlich der Durchführbarkeit und bezüglich der Differenzierung für die Abgabenberechnung. Was die Durchführbarkeit betrifft, so macht eine CO_2-Abgabe nur Sinn, wenn sie weltweit eingeführt wird und sich alle Länder daran beteiligen. Der politische Aufwand im Vorfeld der Einführung, z.B. das Finden eines gemeinsamen Nenners und einheitlicher Verfahrensweisen, sowie der spätere bürokratische Aufwand zur Berechnung und Erhebung der Abgabe, ist als extrem hoch einzustufen.

Grundlage für die Berechnung kann die Menge an CO_2 sein, die gerade noch freigesetzt werden kann, ohne daß eine Verstärkung des natürlichen Treibhauseffekts entsteht. Hieraus ergibt sich die erste Unsicherheit, da die mögliche Kohlendioxidmenge nach heutigem Forschungsstand nicht annähernd genau bestimmt werden kann. Gelingt dies jedoch, könnte man die CO_2-Emissionen entsprechend dem Anteil der Bevölkerung auf die einzelnen Länder aufteilen. Jedem Bewohner stünde daher ein bestimmtes Kontingent am CO_2-Ausstoß zu. Diejenigen, die mehr Kohlendioxid freisetzen, als es ihrem Anteil entspricht, müßten eine Steuer entrichten, die sich wiederum nach dem Grad des Übersteigens der CO_2-Freigrenze bemißt.

Möglich wäre auch, daß Kohlendioxid-Lizenzen vergeben werden, mit denen dann gehandelt werden könnte. Industrieländer müßten tendenziell Kontingente hinzukaufen, während sich unterentwickelte Länder, mit ihrem geringeren CO_2-Ausstoß, durch einen teilweisen Verkauf ihres Kontingents eine Finanzierungsquelle für Investitionen erschließen könnten.

Von der Einführung einer unter dem Begriff bereits diskutierten sogenannten CO_2-Abgabe, wäre auch der Luftverkehr betroffen. Grundgedanke dabei ist, daß eine ökologische Verbesserung im Bereich des Luftverkehrs nur zu erreichen ist, wenn sich die Kosten für ein Ticket neben der reinen Leistungserbringung (Transport von A nach B) auch an der jeweils entstehenden Schadstoffemission orientieren. Umsetzen könnte man eine Umweltabgabe in der Luftfahrt in Form von emissionsbezogenen Landegebühren.

Dabei ist jedoch zu beachten, daß die im Luftverkehr anfallenden Gebühren bereits den größten Anteil der Betriebskosten bilden. Abbildung 38 zeigt die durchschnittlichen Betriebskosten eines Flugzeuges.

Die Fluggesellschaften müßten je nach eingesetztem Flugzeugtyp und dem damit verbundenen spezifischen Schadstoffausstoß eine Abgabe entrichten, die zwar den

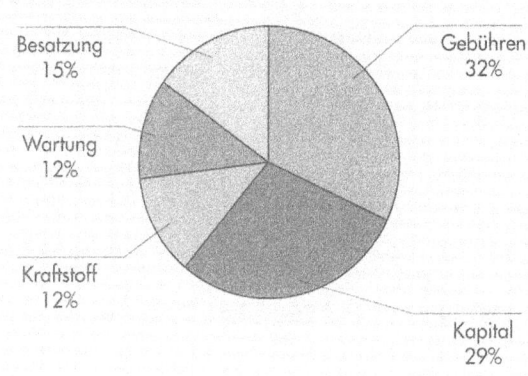

Abb. 38. Durchschnittliche Betriebskosten eines Flugzeuges.

Gebührenanteil an den Betriebskosten weiter erhöhen würde, jedoch in Form einer (durchschnittlichen prozentualen) Erhöhung der Ticketpreise auf die Passagiere umgelegt werden könnte.

Folgende Vorschläge wurden vom Bundesministerium für Verkehr bereits erarbeitet:

- Einführung von Schadstoffklassen und diesbezügliche Staffelung der Landegebühren
- Inverse Staffelung der Abgaben nach Flugzeugauslastung und Flugentfernung
- Vereinheitlichung der Bewertungskriterien (festgelegte Emissions- und Lärmklassen)

Insbesondere eine inverse Staffelung der Abgaben soll einen ökonomischen Anreiz bieten, auf langen Strecken möglichst mit voll ausgelasteten Flugzeugen zu operieren. In diesem Zusammenhang müßte auch diskutiert werden, ob es unter ökologischen Gesichtspunkten notwendig erscheint, den Flugverkehr generell auf den Mittel- und Langstreckenverkehr zu beschränken.

Eine Umweltgebühr oder -steuer ist nach heutiger Rechtslage weder mit den Vorschriften der ICAO noch mit den EU-Richtlinien vereinbar. Besonders wichtig ist es zunächst, unter Berücksichtigung der ICAO-Bestimmungen, eine genaue Abgrenzung zwischen Gebühren und Steuern vorzunehmen, um die damit verbundene Problematik darstellen zu können.

Gebühren (und Entgelte): Gebühren werden nach dem Sprachgebrauch der ICAO für die Inanspruchnahme von Flughafenleistungen erhoben. Die Einnahmen fließen direkt der Flughafen-Betreibergesellschaft zu, und deren Verwendung ist nicht zweckgebunden. (Bsp.: Flugsicherheitsgebühr in Deutschland)

Steuern (und Abgaben): Steuern resultieren nicht unmittelbar aus der Bereitstellung von Einrichtungen und erbrachten Leistungen der Flughafengesellschaften. Steuern und Abgaben fließen staatlichen Haushalten mit einer allgemeinen Zweckbestimmung zu. Die Erhebung von Steuern und Abgaben ist grundsätzlich mit den Prinzipien der ICAO nicht vereinbar, wobei die Vertragsstaaten aufgefordert sind, entsprechende Steuern so schnell wie möglich abzuschaffen. Beispielsweise sind in den USA als Ein- oder Ausreisesteuern derzeit ca. 45 DM zu entrichten.

Aus den genannten ICAO-Definitionen ergibt sich einerseits, daß eine umweltbezogene Gebühr von der Flughafen-Betreibergesellschaft nicht erhoben werden darf, da ein konkreter Leistungsbezug fehlt und die Erhebung nicht auf das Leistungssystem Flughafen zurückzuführen ist. Der Flughafen erbringt in diesem Sinne keine Leistung und auch der örtliche Bezug fehlt, da die luftfahrtbedingte Schadstoffemission mit ihren möglichen Folgewirkungen weltweit zu betrachten sind.

Andererseits tut man sich mit einer Deklaration als Steuer schwer, da eine Zweckbindung nicht erkennbar ist. Zudem würde diese Entwicklung dem heutigen Bemühen der ICAO nach Abschaffung von Steuern in der Luftfahrt widerstreben. Nur so kann nach Auffassung der ICAO ein weltweit möglichst einheitliches Preisgefüge im Luftfahrtbereich geschaffen werden, um dem Luftverkehr aller Länder gleiche Entwicklungs- und Marktchancen einzuräumen.

Ob und wann, eine wie auch immer geartete Umweltgebühr/-steuer eingeführt wird, ist noch gänzlich ungewiß. Fest steht allerdings, daß bei einer weiter fortschreitenden Umweltverschmutzung Maßnahmen erforderlich sind, um ein Handeln in Richtung erneuerbare und umweltverträgliche Energien zu fördern. Die Einführung einer CO_2-Abgabe stellt in diesem Zusammenhang nur eines von mehreren möglichen Denkmodellen dar.

Aquastripping: die alternative Methode zur Flugzeug-Entlackung

Der Luftverkehr wirkt sich in vielfältiger Weise auf die Umwelt aus. Der zentrale Frage ist und bleibt jedoch die Frage nach der Wirkungsweise der flugzeugbedingten Schadstoffemission. Darüber hinaus sind sowohl in der Flugzeugindustrie als auch auf Flughäfen und bei Fluggesellschaften zahlreiche Einzelmaßnahmen möglich und erforderlich, um punktuell eine bessere Umweltverträglichkeit des Luftverkehrs zu erreichen. Solche Einzelmaßnahmen sind beispielsweise:

- Einsatz von umweltfreundlichen Werkstoffen bei der Flugzeugherstellung
- Teilweiser Verzicht auf Lackierungen und Legierungen
- Bau von Regenrückhaltebecken und Ölabscheidern auf Flughäfen
- Verzicht auf Kunstoffgeschirr in Flugzeugen
- Prüfen der im Luftfahrtbereich eingesetzten Materialien auf ihre Wiederverwertbarkeit
- Einsatz von stationären Bordversorgungseinrichtungen auf Flughäfen (Abb. 39)
- Vermehrter Einsatz von Elektrofahrzeugen bei der Bodenabfertigung
- Mechanische Schnee- und Eisräumung vor chemischen Enteisungsmitteln

Aus der Vielzahl von Maßnahmen soll am Beispiel des Aquastrippings, einer alternativen Methode zur Flugzeugentlackung erläutert werden, welche punktuellen Verbesserungen möglich sind und wie sie in die Praxis umgesetzt werden können.

- Bedingt durch die extremen Temperaturunterschiede und die starke UV-Einstrahlung in großen Höhen müssen an die Lackierung von Flugzeugen große Anforderungen gestellt werden. Ohne eine schützende Farbschicht hätten die im modernen Flugzeugbau verwendeten Faser-Verbund-Werkstoffe nur eine sehr begrenzte Lebensdauer. Derzeit muß ein Flugzeug etwa alle sechs bis acht Jahre neu lackiert werden.

Da bei einem sogenannten D-Check, dem größten und aufwendigsten Wartungsereignis für ein Flugzeug, auch die Lackierung erneuert wird, hat sich schon früh

Abb. 39. Zahlreiche Flughäfen haben in den vergangenen Jahren eine stationäre Bodenstromversorgung für Flugzeuge eingerichtet. Dadurch ist es möglich geworden, auf die bordeigene Stromversorgung mit Hilfe eines kleinen Hilftriebwerkes weitgehend zu verzichten. Das spart nicht nur Energie in Form von Treibstoff, sondern auch die Geräuschkulisse auf dem Flughafenvorfeld wird deutlich geringer.
Um die Bodenstromversorgung sicherzustellen, muß das Flugzeug lediglich über ein Kabel mit der stationären Stromversorgungsanlage verbunden werden. Im Cockpit wird dieser Vorgang angezeigt.

die Frage gestellt, wie denn die widerstandsfähige Farbe am besten wieder abgelöst werden kann. Bisher mußte man dazu auf chemische Beize zurückgreifen, die Lösungsmittel enthält und für Mensch und Umwelt daher problematisch ist. Immerhin 2,5 Tonnen Beize waren nötig, um die vielen Farbschichten eines Airbus A300 zu entfernen.

Nach mehrjähriger Entwicklungszeit und zahlreichen Versuchsreihen haben Lufthansa-Techniker nun ein Verfahren entwickelt, mit Hilfe dessen Flugzeuge fast

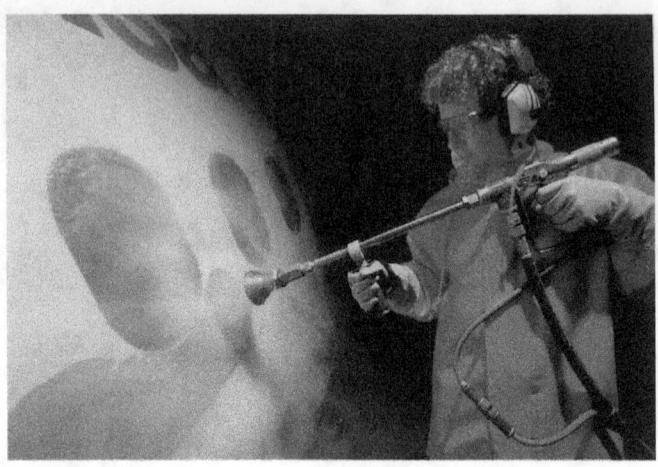

Abb. 40. Flugzeugentlackung nach dem Aquastripping-Verfahren. Hier ist deutlich zu sehen, wie der fein aufgefächerte Wasserstrahl die Farbe Schicht für Schicht entfernt.

ohne umweltschädliche Beize entlackt werden können. Aquastripping heißt das Zauberwort, wobei als Lösungsmittel lediglich Wasser zum Einsatz kommt.

Die Technik ist verblüffend einfach. Mit einem Druck von bis zu 500 bar wird mittels einer speziellen Düse ein Hochdruckwasserstrahl erzeugt. Trifft dieser Strahl in flachem Winkel auf die Flugzeughaut, schiebt er sich unter den Lack und schält diesen Schicht um Schicht ab. Da die Düse bei diesem Vorgang mit bis zu 6200 Umdrehungen in der Minute rotiert, fächert sie den Wasserstrahl so fein auf, daß das darunterliegende Metall nicht beschädigt werden kann. Das Verfahren arbeitet außerdem so exakt, daß jede einzelne der drei Lackschichten eines Flugzeuges getrennt abgetragen werden kann (Abb. 40). Da das benötigte Wasser größtenteils aufgefangen, gereinigt und wieder dem Kreislauf zugeführt wird, bleiben außer den abgelösten Farbpartikeln keine sonstigen Rückstände übrig.

Ein weiterer Vorteil des Aquastripping besteht darin, daß dieses Verfahren wesentlich schneller arbeitet als die herkömmliche Entlackung. Außerdem sind die Beschäftigten nicht mehr den Dämpfen der Lösungsmittel ausgesetzt.

Die Lufthansa schätzt, daß sie durch die Entwicklung und Einführung des Aquastripping-Verfahrens mehr als 10 Millionen DM im Jahr einsparen kann: Ein schönes Beispiel für eine erfolgreiche Kombination von Wirtschaftlichkeit und Umweltschutz.

9 Ausblick: ohne Politik geht es nicht

Obwohl weltweit zahlreiche Maßnahmen zur Emissionsminderung im Luftverkehr getroffen und Forschungen vorangetrieben werden, wird der Flugverkehr die Umwelt auch künftig belasten.

Einerseits wirkt sich der Luftverkehr durch den Landverbrauch mit seinen ökologischen Folgen im Flughafenumfeld sowie dem Fluglärm und der Strahlenbelastung unmittelbar auf uns Menschen aus. Andererseits bekommen wir die freigesetzten Schadstoffe über eine Veränderung der gesamten Umwelt zunächst indirekt und mit einer zeitlichen Verzögerung zu spüren.

Erst das gegenüber anderen Verkehrsarten überproportionale Wachstum und die sehr starke Abhängigkeit von wirtschaftlichen Rahmenbedingungen hat ein breites Bewußtsein für luftfahrtbedingte Probleme und damit verbundene Umweltbeeinträchtigungen geweckt.

Trotz relativ geringem Anteil an der weltweiten Schadstoffemission befördert der zunehmende Flugverkehr erstmals schädliche Stoffe in Regionen, die bisher von einer direkten Verschmutzung durch die Menschen verschont geblieben sind. Der Flugverkehr wird aus diesem Grund vielfach als Umweltverschmutzer Nummer Eins dargestellt, obwohl dies im Vergleich mit anderen Verkehrsträgern nicht zutrifft.

Gewiß, die Belastungen der Umwelt durch den Flugverkehr existieren und dürfen auch nicht wegdiskutiert werden. Daher müssen wir uns fragen, wie wir die vom Luftverkehr freigesetzten Emissionen reduzieren und auf lange Sicht in einem verantwortungsbewußten Rahmen halten können.

Die Forschung über chemische Reaktionen und Austauschvorgänge in der Atmosphäre muß weiter vorangetrieben werden, um möglichst bald Gewißheit darüber zu erlangen, auf welche Art und in welchem Maß die Umwelt durch den Flugverkehr beeinträchtigt wird. Verläßliche Aussagen dazu lassen sich bis heute, trotz erster Forschungsergebnisse, immer noch nicht machen.

Darüber hinaus fordert die zunehmende Verkehrsbelastung und die damit verbundene Schadstoffemission auch ein generelles Umdenken in unserer Gesellschaft. Mobilität um jeden Preis und zu Lasten der Umwelt muß daher ernsthaft in Frage gestellt werden. Hier ist also jeder einzelne von uns gefordert, sein mobiles Verhalten ganz neu zu überdenken. Dabei könnte man sich unter anderem fragen, ob man ein bestimmtes Verkehrsmittel unbedingt benötigt, um ans Ziel zu kommen, welche Alternativen es dazu gibt, und ob man überall so schnell hin muß.

Daß sich bislang an unserem mobilen Verhalten so wenig geändert hat, liegt also nicht daran, daß die Politiker nicht zu entsprechenden Handlungen bereit sind, sondern vielmehr daran, daß wir ihnen noch keinen konkreten Auftrag dazu gegeben haben.

Die Reduzierung der Schadstoffemission wird so, wenn wir es wollen, zu einer politischen Frage. Nur die Politik kann es schaffen, die erforderlichen Rahmenbedingungen zum Erhalt einer intakten Umwelt zu schaffen. Allerdings müssen wir uns auch deutlich machen, daß gerade der Flugverkehr und seine Auswirkungen auf die Umwelt viele Abstimmungsmaßnahmen auf internationaler Ebene erforderlich macht. Denn der Luftverkehr im Sinne der Umwelt kann nur in einem weltweiten Maßstab begriffen werden.

Abschließend betrachtet gilt es künftig, auch die Belange der Umwelt und Fragen der Mobilität bei Entscheidungen im privaten wie im unternehmerischen Bereich vermehrt zu berücksichtigen. So kann jeder von uns auf lange Sicht dazu beitragen, daß auch künftige Generationen ein lebenswertes Dasein auf unserer Erde erleben können. Ein Ziel, für das es sich lohnt mitzuarbeiten.

Glossar

Ab- bzw. Anflugverfahren Verfahren, das einen sicheren und geordneten Flugbetrieb (Ab- und Anflug) unter Berücksichtigung einer möglichst geringen Umweltbelastung sicherstellt. Unter diesen Gesichtspunkten werden die jeweiligen Flugwege genau festgelegt. Ein Ab- und Anflugverfahren wird für alle größeren Flughäfen entwickelt und ständig aktualisiert.
Aerodynamischer Lärm Lärm der durch Verwirbelung von Luft an der Außenhaut eines bewegten Körpers entsteht. Die Geräuschintensität ist entscheidend von der Masse und der Geschwindigkeit des Körpers abhängig.
Aerosole Feste und flüssige Teilchen in der Atmosphäre (außer Wasser und Eiskristalle). Ihre Größe beträgt zwischen einem Tausendstel und einem Zehntel Millimeter. Natürliche Aerosole sind vorwiegend Vulkan- und Wüstenstaub; anthropogene Aerosole sind dagegen Rauch und Rußteilchen.
Anthropogen Nichtnatürlich, von Menschen verursacht.

Bypass-Verhältnis Verhältnis zwischen dem relativ langsamen Mantel- oder Nebenstrom und dem schnellen Abgasstrom aus der Brennkammer bei

Triebwerken. Je größer der Anteil des Mantelstroms am gesamten Abgasstrom ist, desto leiser und wirtschaftlicher ist ein Triebwerk. Bypass-Verhältnisse von 5:1 bis 10:1 sind derzeit die Regel.

Deregulierung Liberalisierung des Luftverkehrs mit dem Hauptziel, bestehende Beförderungs- und Verkehrsbeschränkungen abzubauen und schließlich ganz aufzuheben. In der Endstufe soll jede Fluggesellschaft das Recht haben, jede gewünschte Stadt anzufliegen, soweit es die Kapazität des jeweiligen Flughafens zuläßt.

Dezibel (dB) Maßeinheit zur Erfassung des Lärmpegels. Eine Differenz von 10 dB entspricht einer Halbierung bzw. Verdoppelung der Lautstärke.

Emissionen Als Emissionen bezeichnet man alle von einer Anlage (z.B. Kraftwerk) oder einem Produkt ausgehenden Verunreinigungen. Dazu gehören insbesondere Schadstoffe und Geräusche, aber auch Strahlen, Wärme, Licht und Erschütterungen.

Fan Gebläse, das am Triebwerkseinlaß Luft ansaugt und diese vorverdichtet.

Flughafengesellschaft Als GmbH oder AG geführtes Unternehmen, das einen Flughafen betreibt und für die Aufrechterhaltung eines geregelten Flugbetriebs verantwortlich ist. Beteiligte bzw. Aktionäre sind hauptsächlich Gebietskörperschaften, wie Länder und Gemeinden. Den großen Kapitalbedarf für die Bereitstellung der infrastrukturellen Einrichtungen (z.B. Investitionen ins Fluggastgebäude) decken die Flughafengesellschaften vorwiegend durch Landegebühren und Konzessionseinnahmen.

Flugzeugbewegung Start oder Landung eines Flugzeuges. Die Anzahl der Flugzeugbewegungen entspricht daher nicht der Zahl der durchgeführten Flüge.

Flugzeugkonfiguration Zustand des Flugzeuges in Abhängigkeit von der jeweiligen Flugphase. Ausgefahrene Klappen und Fahrwerk ändern die als optimal betrachtete Reiseflug-Konfiguration und führen zu einem höheren aerodynamischen Widerstand, verbunden mit einem steigenden Treibstoffverbrauch.

Fluorchlorkohlenwasserstoffe FCKW sind industriell hergestellte organische Verbindungen, bei denen die Wasserstoffatome ganz oder teilweise durch Chlor- und Fluoratome ersetzt sind. FCKW gelten als wichtigste Ursache für den Abbau der Ozonschicht und sind darüber hinaus sehr wirksame Treibhausgase.

Fossile Energieträger In der erdgeschichtlichen Vergangenheit unter Druck und Ausschluß von Sauerstoff aus Pflanzen und Tieren entstandene feste, flüssige und gasförmige Brennstoffe. Dazu zählen Kohle, Torf, Erdöl und Erdgas.

Geschäftsreise Reise, die überwiegend aus geschäftlichem Anlaß durchgeführt wird und deren Kosten in der Regel als Betriebsausgaben verbucht werden.

Großkreisentfernung Kürzest mögliche Entfernung zwischen zwei Punkten auf der Erdoberfläche. Der Mittelpunkt eines Großkreises ist daher der Mittelpunkt der Erde. In modernen Flugzeugcockpits wird der Großkreis dargestellt, um die jeweilige Abweichung von der optimalen Flugstrecke (nur entfernungsbezogen) zu visualisieren.

Holding Witterungs- und/oder kapazitätsbedingte Verzögerung beim Landeanflug.

Hub Flughafen mit Drehkreuzfunktion, wobei zeitlich abgestimmte, günstige Umsteigemöglichkeiten für die Passagiere und Umlademöglichkeiten für die Fracht bestehen.

Immissionen Einwirken von Emissionen auf Menschen, Tiere, Pflanzen und Sachgüter.

Interline-Abkommen Vereinbarung zwischen Fluggesellschaften, in denen sich die Vertragspartner verpflichten, ausgestellte Flugscheine gegenseitig zu akzeptieren und nach gemeinsam festgelegten Grundsätzen zu verrechnen.

Kerosin Petroleumähnlicher Treibstoff für Düsentriebwerke.

Kohlenmonoxid (CO) Ergebnis unvollständiger Verbrennung von fossilen Energieträgern, wobei sich wegen einer unzureichenden Sauerstoffzufuhr ein Kohlenstoffatom jeweils nur mit einem Sauerstoffatom verbinden kann. Das farb- und geruchlose Reizgas fördert die Ozonbildung in der Troposhäre und blockiert bei Menschen die Sauerstoffaufnahme des Blutes.

Kohlendioxid (CO_2) Farb- und geruchloses Gas, das bei der Verbrennung von fossilen Energieträgern sowie bei der Atmung von Menschen und Tieren entsteht. Pflanzen nehmen CO_2 auf und wandeln dieses in Kohlenhydrate und Sauerstoff um. Der natürliche Anteil in der Atmosphäre beträgt derzeit 0,035%.

Kondensstreifen Durch hochfliegende Flugzeuge verursachte künstliche Wolken. Wasserdampf, der bei der Verbrennung in den Triebwerken entsteht, bildet feine Tröpfchen die wiederum sofort zu Eiskristallen gefrieren. Kondensstreifen stehen in Verdacht, die Wärmerückstrahlung in den Weltraum zu beeinflussen und zur Erwärmung der Erde (in sehr geringem Maße) beizutragen.

Kurzstreckenverkehr Dieser Begriff wird sehr unterschiedlich definiert. Linienfluggesellschaften bezeichnen üblicherweise alle Flüge mit einer Flugzeit bis zu einer Stunde als Kurzstreckenverkehr. Darunter fallen alle innerdeutschen Flüge und auch die meisten europäischen Verbindungen.

Lärmteppich Darunter versteht man den Bereich, in dem bei Start und Landung eines Flugzeuges ein Lärmpegel von mindestens 85 dB(A) gemessen wird. Bei modernen Flugzeugen, wie z.B. beim Airbus A320, liegt die Fläche des Lärmteppichs innerhalb der Flughafengrenze.

LTO-Zyklus Abkürzung für Landing/Take-Off-Zyklus. Internationale Definition für die Start- und Landephase eines Fluges, in der sich das Flugzeug in einer Höhe von weniger als 900 Meter über dem Boden befindet.

Ozon (O_3) Dreiatomiges Sauerstoffmolekül, das in der Stratosphäre die schädliche UV-Strahlung absorbiert. Ozon entsteht in der Stratosphäre aus Sauerstoffatomen unter Einwirkung von ultravioletter Strahlung. Das stechend riechende, giftige Gas schädigt in Bodennähe Menschen, Tiere und Pflanzen.

Passagierkilometer Maß für die tatsächliche Beförderungsleistung im Passagierflugverkehr. Errechnet sich aus der Zahl der Passagiere multipliziert mit der zurückgelegten Strecke.

Sauerstoff (O_2) Farb- und geruchloses Gas, das als natürlicher Bestandteil der Atmosphäre mit allen anderen chemischen Elementen (außer Edelgasen) reagiert und Oxide bildet. Sauerstoff bildet eine lebenswichtige Grundlage für fast alle Lebewesen auf der Erde.

Schwefeldioxid (SO_2) Farbloses, stechend riechendes Gas, das bei der Verbrennung von fossilen Energieträgern wie Erdöl und Kohle entsteht. Schwefeldioxid wird in der Atmosphäre in Schwefel und schwefelhaltige Säure umgewandelt und gilt als Hauptverursacher für den Sauren Regen.

Sitzladefaktor Verhältnis zwischen der Anzahl von zahlenden Fluggästen zur angebotenen Sitzplatzkapazität bei einem Flug. Der Sitzladefaktor wird dabei in Prozent angegeben.

Slot Zeitintervall für planmäßige Starts und Landungen. Als Slots werden außerdem Ein- und Überflugzeiten für bestimmte Flugwege bezeichnet. Die Vergabe von Slots ist international recht einheitlich geregelt und soll einen möglichst reibungslosen und verzögerungsfreien Flugverkehr ermöglichen.

Stratosphäre Atmosphärenschicht über der Troposphäre, befindet sich in einer Höhe zwischen 12 und 50 km. Die lebenswichtige Ozonschicht ist ein wichtiger Bestandteil der Stratosphäre.

Spurengase Gase wie Kohlendioxid, Ozon, Methan, Lachgas und Wasserdampf, die in der Atmosphäre zwar nur in sehr geringen Konzentrationen vorkommen, in Zusammenhang mit dem Treibhauseffekt aber von erheblicher Bedeutung für das Klima und die Atmosphärenchemie sind.

Stickoxide (NOx) Hauptsächlich Stickstoffmonoxid (NO)- und Stickstoffdioxid (NO_2)-Verbindungen, die durch die Oxidation von Stickstoff in der Luft bei hohen Temperaturen entstehen. Stickoxide tragen zu einer bodennahen Ozonbildung bei und sind mitverantwortlich für den Sauren Regen.

Troposphäre Unterste Schicht der Atmosphäre, in der sich das gesamte Wettergeschehen abspielt. Die Obergrenze liegt je nach Jahreszeit und Wetterlage bei 6 bis 8 km in den Polargebieten und zwischen 16 bis 18 km Höhe in den Tropen.

Unverbrannte Kohlenwasserstoffe (UHC) Gemisch von Kohlenwasserstoffen, das bei einer unvollständigen Verbrennung übrigbleibt. UHC tragen in Bodennähe zur Entstehung von Sommersmog bei und gelten teilweise als krebserregend.

Verweildauer von Schadstoffen Die Zeitspanne die vergeht, bis emittierte Schadstoffe in der Atmosphäre durch chemische Prozesse in andere Stoffe umgewandelt oder abgebaut werden.

Weltluftverkehr Dieser Begriff ist nicht eindeutig definiert. Üblicherweise versteht man unter dem Weltluftverkehr jedoch die Summe aller mit Flugzeugen durchgeführten Transportleistungen. Dazu gehören sowohl Linien- und Charterflüge für die Passagierbeförderung als auch für den Frachttransport.

Winglets Konstruktion an den Flügelspitzen zur Verbesserung der aerodynamischen Eigenschaften. Winglets verringern den kraftstoffzehrenden Widerstand durch Luftwirbel, die an der Flügelspitze zwischen Tragflächenober- und -unterseite entstehen.

Literaturhinweise

Zum Thema Flugverkehr und Umwelt finden sich Beiträge und Einzelaspekte in zahlreichen Veröffentlichungen. Als weiterführende und vertiefende Literatur zu den genannten luftfahrtbedingten Emissionen können nachfolgende Publikationen herangezogen werden. Ein Großteil der genannten Veröffentlichungen haben außerdem maßgebend zum Entstehen dieses Buches beigetragen.

ADV, Deutsche Bahn AG, Lufthansa AG, Deutsches Verkehrsforum (1995) Bedeutung und Umweltwirkungen von Schienen- und Luftverkehr in Deutschland.
Arbeitsgemeinschaft Deutscher Verkehrsflughäfen (1994) Was die Flughäfen gegen Fluglärm tun. Informationen zur Umwelt, Stuttgart.
Arbeitsgemeinschaft Deutscher Verkehrsflughäfen (1994) Abgas-Emissionen in Deutschland nach Verursachern. Information zur Umwelt. Stuttgart
Arbeitsgemeinschaft Deutscher Verkehrsflughäfen (1994) Flächenverbrauch nach Verkehrsarten. Informationen zur Umwelt. Stuttgart
Arbeitskreis Verkehr und Umwelt-Umkehr e.V. (1992) Lärm-Minderung durch prinzipielle Verkehrs-Beruhigung. Berlin
Armbruster J (1994) Im Jet unterwegs. Motorbuchverlag, Stuttgart
Barrett M (1991) Pollution Control Strategies for Aircraft. WWF International Discussion Paper
Brosthaus J; Weyrauther G (1988) Abgasemissionen durch den Flugverkehr über der Bundesrepublik Deutschland. Ökolo-

gische Folgen des Flugverkehrs. Tutzinger Materialie Nr. 50, Evangelische Akademie, Tutzing

Bundesministerium für Verkehr (26.8.1993) Stellungnahme zur Einführung einer zusätzlichen Umweltabgabe im Luftverkehr. Bonn

Darius F (26.1.1994) Ökonomische und ökologische Erfordernisse auf einem Nenner. Pressegespräch der Flughafen Frankfurt/Main AG

Egli R (25.10.1993) Daten zum Flugverkehr. Schaffhausen. EU-Kommision (06.04.1992) Grünbuch zu den Auswirkungen des Verkehrs auf die Umwelt. Brüssel

Fabian P (1988) Chemie und Austauschvorgänge in der Atmosphäre. Ökologische Folgen des Flugverkehrs. Tutzinger Materialie Nr. 50, Evangelische Akademie, Tutzing

Flughafendirektion Zürich, Jahresberichte

Flughafen Düsseldorf (1992) Umweltschutz am Flughafen Düsseldorf

Flughafen Frankfurt/Main AG, Geschäftsberichte

Flughafen München (Ausgabe 1993) Umweltschutz am Flughafen München

Flughafen Wien AG, Verkehrsberichte

Forum Luft- und Raumfahrt e.V. (24.03.1995) Fliegen in Deutschland - Eine Chance für die Region. Bonn

Fransen W; Peper J (1993) Atmospheric effects of aircraft emissions. Ministry of Transport, Public Works and Water Management, Amsterdam

Graßl H; Klingholz R (1990) Wir Klimamacher. S. Fischer Verlag Frankfurt

Graßl H (1988) Wolkenbildung durch die Emission hochfliegender Flugzeuge. Ökologische Folgen des Flugverkehrs, Tutzinger Materialie Nr.50, Evangelische Akademie, Tutzing

Kageson P (1992) External Costs of Air Pollution. European Federation for Transport and Environment, Stockholm

Knittel W (1992) Die Luftverkehrspolitik der Bundesregierung mit Ausblick auf das Jahr 2000, Probleme und Chancen der Luft- und Raumfahrt in der Bundesrepublik Deutschland. Sonderausgabe Band, 64. Hanns-Seidel-Stiftung e.V., Bonn

Kommission zur Abwehr des Fluglärms für den Flughafen Frankfurt 10.03.1993 Seminar zum Thema Luftverunreinigung durch Luftfahrzeuge. Frankfurt

Kühl E (1992) Flugzeugtriebwerke und Umweltschutz. BLN, 1/92

Lufthansa (1991) Informationen zur Umwelt. Köln
Lufthansa Nachricht (19.5.1993) Meßbare Entlastung für die Umwelt. Lufthansa eröffnete Lackierhalle und Aquastrip-Anlage. Frankfurt
Lufthansa Nachricht (5/1993) Wasser schlägt Chemie. Aquastripping: klares Wasser statt chemischer Beize. Frankfurt
Matzen D (1991) Tatort Himmel. Verlag Die Werkstatt, Göttingen
Meier A (3/1992) Wann muß ein Jet Treibstoff ablassen? Flughafenmagazin Zürichairport
Menninger K (1988) Ziele und Planungen der Luftverkehrsunternehmungen. Ökologische Folgen des Flugverkehrs. Tutzinger Materialie Nr. 50, Evangelische Akademie, Tutzing
Scherrer C (1993) Tierreservat Flughafen. In: Flughafenmagazin Zürichairport 10/1993
Schumann U (1993) On the effect of emissions from aircraft engines, Institut für Physik der Atmosphäre. Oberpfaffenhofen
Schumann U (1991) Sauber unter blauem Himmel. Energie Jahrgang 43, Nr.4, 4/1991
Schumann U (1994) Schadstoffe in der Luftfahrt. In: DLR-Nachrichten 2/1994
Schumann U; Wurzel D (1994) Impact of Emissions from Aircraft and Spacecraft upon the Atmosphere. In: DLR-Mitteilung 94-06
Schütt P (1988) Wirkungen von Flugzeugabgasen auf Pflanzen. Ökologische Folgen des Flugverkehrs. Tutzinger Materialie Nr. 50, Evangelische Akademie, Tutzing
Stöcker U (1992) Emissionen von strahlgetriebenen Luftfahrzeugen. In: Luftfahrt-Bundesamt-Informationen, 16/92
Stöcker U (10.3.1993) Nationale und internationale Vorschriften und Aktivitäten zur Begrenzung/Reduzierung von Schadstoffen strahlgetriebener Luftfahrzeuge. Seminar zum Thema Luftverunreinigung durch Luftfahrzeuge. Flughafen Frankfurt
Swissair (1993) Ökobilanz 1992. Zürich
Toepel W (1991) Luftverkehr und Umwelt. Vortrag an der Fakultät für Bauingenieur- und Vermessungswesen an der Universität München
TÜV Rheinland (1988) Ermittlung der Abgasemissionen aus dem Flugverkehr über der BRD. Köln

TÜV Rheinland (10.3.1993) Ermittlung der Emissionen auf dem Flughafen Frankfurt am Main. Seminar der Kommission zur Abwehr des Fluglärms für den Flughafen Frankfurt

TÜV Rheinland (1993) Konzeptstudie zur Umweltsituation des Rhein-Main-Flughafens Frankfurt/Main

Wesp U, Klima und Luftschadstoffe, Flugverkehr und Luftschadstoffe. Pressegespräch der Flughafen Frankfurt/Main AG, 26.1.1994

Anschriften

Zahlreiche Institutionen, staatliche Einrichtungen und Unternehmen beschäftigen sich mit Aspekten der Luftfahrt unter jeweils verschiedenen Gesichtspunkten. Viele von ihnen stellen auf Anfrage (bei der Pressestelle) teilweise kostenlos Informationsmaterial zur Verfügung. Nachstehend sind einige nützliche Anschriften aufgelistet, wobei jedoch kein Anspruch auf Vollständigkeit und Wertigkeit besteht.

Arbeitsgemeinschaft Deutscher Verkehrsflughäfen
(ADV)
Flughafen
70629 Stuttgart

Austrian Airlines
Postfach 50
A-1107 Wien

BMW Rolls-Royce GmbH
Hohemarktstraße 60-70
61440 Oberursel

Boeing Company
7755E. Marginal Way S.
Seattle, WA 98108
USA

Bundesministerium für Verkehr
Robert-Schumann-Platz 1
53175 Bonn

Bundesministerium für Wirtschaft
Villemombler Str. 76
53123 Bonn-Duisdorf

Bundesverband der Deutschen Luft-
und Raumfahrtindustrie e.V.
Konstantinstraße 90
53179 Bonn

Daimler-Benz Aerospace Airbus GmbH
Postfach 95 01 09
21111 Hamburg

Deutsche Forschungsanstalt für Luft-
und Raumfahrt e.V. (DLR)
Linder Höhe
51147 Köln

Deutsche Lufthansa AG
Lufthansa Basis
60546 Frankfurt/Main

Deutscher Wetterdienst
Postfach 10 04 65
63004 Offenbach

Deutsches Verkehrsforum e.V.
Poppelsdorfer Allee 102
53115 Bonn

Deutsche Verkehrswissenschaftliche Gesellschaft e.V.
Brüderstr. 53
51427 Bergisch Gladbach

Douglas Aircraft Company
3855 Lakewood Blvd.
Long Beach, CA 90846
USA

Eurocontrol
Rue de la Fusée 96
B-1030 Brüssel

Flughafendirektion Zürich
Postfach
CH-8058 Zürich-Flughafen

Flughafen Frankfurt/Main AG
Postfach
60547 Frankfurt/Main

Flughafen Wien AG
Postfach 1
A-1300 Wien-Flughafen

Forum Luft- und Raumfahrt e.V.
Godesberger Allee 70
53175 Bonn

Fraunhofer-Institut für Atmosphärische Umweltforschung (IFU)
Kreuzeckbahnstr. 19
82467 Garmisch-Partenkirchen

GE Aircraft Engines
Am Michaelshof 4b
53117 Bonn

International Air Transport Association (IATA)
Head Office: IATA Building
2000 Peel Street, Montreal, P.Q.
Canada H3A 2R4

International Civil Aviation Organization (ICAO)
1000 Sherbrooke Street West, Montreal, Quebec
Canada H3A 2R2

Swissair
Postfach
CH-8058 Zürich-Flughafen

Umweltbundesamt
Postfach 33 00 22
14191 Berlin

Vereinigung Cockpit e.V.
Lerchesbergring 24
60598 Frankfurt

Bildquellennachweis

Armbruster J., Boeing, Daimler Benz Aerospace Airbus GmbH, Flughafen Frankfurt/Main AG, Hessisches Ministerium für Wirtschaft und Technik, Lufthansa, Swissair

Sachverzeichnis

A

Abfluggeschwindigkeit 130
Abfluggewicht 90, 113, 114, 119, 165, 166, 187
– maximales 117
Abflugwege 88, 90
Abgasstrahl 131, 174176
Abwasserverunreinigungen 98
Aerodynamik 116
Aerosole 137
Affekte 11
Airbus 52, 81, 92, 114, 119, 149, 159, 178, 187, 197
Airbus A340 50, 51
Ambulanzflüge 91
Amortisation (von Kosten) 19, 93
Anflugberechtigung 90
Anfluggeschwindigkeit 131
Antriebsaggregate 145, 181
 (s. auch Triebwerke)
Antriebsforschung 189
Approach 127, 130, 131
 (s. auch Landeanflug)
Aquastripping 196, 198, 199
Äquator 97, 101, 103-106, 161, 162
Arbeitsmarkt 65

Arbeitsplatz 64, 66, 67
Atmosphärenchemie 100, 209
Atmosphärenforschung 107
Atmosphärenschicht 96, 103, 107, 109, 151, 153, 208
Atomenergie 185, 191
Aufladungen
– elektrostatische 109
Aufschwungphase
– wirtschaftliche 47
Auslastung
– durchschnittliche 119
Austauschprozesse 103, 107
Austauschvorgänge 201
– atmosphärische 138
Austrian Airlines 160

B

Bahn 22, 23, 28, 30-33, 36, 37, 57, 73, 119
 (s. auch Eisenbahn, Deutsche Bahn AG)
Bahnanschluß 29, 57, 59
Beförderungsleistung 5, 42
Beschäftigungsmultiplikator 64
Besitzstand
– sozialer 1, 2

Betriebsausgaben 205
Betriebsergebnis 66
Betriebsflugplan 167
Betriebskosten 19, 183, 192, 193
Betriebszustand 127, 128, 131–133, 177
Bevölkerung 77, 87, 96
Bevölkerungsstruktur 7
Bewölkung
– globale 145
Biorhythmus 12
Blitzentladungen 148
Bodenbelastung 28
Bodenersatz-Verkehr 46
(s. auch Trucking)
Boeing 19, 50, 52, 80, 81, 83, 92, 93, 115, 118, 123, 125, 145, 150, 162, 163
Boeing 777 178
Brennkammersysteme 177, 178
Brennstoffe 38, 205
– fossile 185
Brutto-Inlandsprodukt 5
Bruttosozialprodukt 46
Bundesamt für Zivilluftfahrt 90
Bundesländer
– neue 43
Bundesverkehrswegeplan 31
Bypass-Verhältnis 175, 176, 183, 203, 204

C

Charter 46, 50
Charterflug 10, 209
Charterstrecken 48
Charterverkehr 123
(s. auch Charterflug)
Cirrus-Wolken 145
CO_2-Abgabe 140, 191, 192
CO_2-Steuer 191
Cockpit-Bildschirme 96
Code-Sharing 15, 18
Concorde 157

D

Daimler-Benz Aerospace Airbus GmbH 52, 189
Deregulierung 17, 204
(s. auch Liberalisierung)
Deutsche Bahn AG 34
(s. auch Bahn)
Deutsche Flugsicherung GmbH 90
DNS-Moleküle 96
Doppelverdiener 7
Drei-Klassen-Bestuhlung 119, 164
Dritte Welt 11

E

Einstellungsstopps 66
Eisenbahn 29, 70
(s. auch Bahn, Deutsche Bahn AG)
Eiskristalle 143–145, 203
Emissionshöhe 141
Emissionswert 129, 132
Endanflug 130, 131
Energiebedarf 191
Energiegehalt (von Treibstoffen) 171
Energiekonzept 70
Energiesparmaßnahmen 138
Energiesteuer 190, 191
Energieträger 109, 135, 163, 184, 185, 191
– fossile 135, 184, 185, 190, 205
Energieverbrauch 135, 190
Enteisungsmittel 196
– chemische 98

221

Erdatmosphäre 103, 104, 138
 (s. auch Atmosphäre)
Erderwärmung 141
Erdgas 189
 (s. auch Methan)
Ergänzungsflugverkehr 55, 57
Erwärmung
 – globale 145
Europäische Union 5, 7, 20, 24
Europaverkehr 121
Exportrate 58

F
FAG 65, 66
 (s. auch Flughafen Frankfurt Main)
Fan 115, 173-175, 181, 204
 – gehäuse 175
 – lärm 175
Ferientourismus 9, 12
 (s. auch Tourismus)
Flight Level 118
Flottenpolitik 50
Flugbetrieb 68, 91, 93, 115, 203
Flugbetriebskosten 93
Flugbewegungen 3, 15, 74, 78, 91, 93, 100, 134
Flugfrequenzen 43, 93, 133
Fluggast 37, 171
Fluggastaufkommen 33
Fluggerät 48, 87, 91, 93
Fluggeschwindigkeit 115, 116, 127, 160, 162
Flughafen 38, 60, 87, 114, 132
 – Berlin Schönefeld 26
 – Berlin Tegel 26
 – Berlin Tempelhof 26
 – Frankfurt 34, 64, 123

 – Frankfurt/Main AG 59, 65
  (s. auch Flughafen Frankfurt)
 – München 68
 – Zürich 163
Flughafen-Betreibergesellschaft 194
 (s. auch Flughafengesellschaft)
Flughafenanwohner 98
Flughafengesellschaft 16, 78, 87, 88, 90, 91, 194, 204
Flughafenkapazität 49
Flughafenpolitik 28, 87
Flughöhe 90, 118, 143, 146, 160, 161, 165, 167
 – verbrauchsgünstigste 117
Flugkorridor 99, 100
Flugkraftstoff 100, 109, 185, 186
 – alternativer 39
Fluglärmgesetz 77
Flugleitsysteme 88
Flugnetz
 – globales 16
Flugphasen 126-128, 149
Flugphasenmodell 149
Flugroute 90, 165
Flugsicherheitsgebühr 194
Flugsicherung 25, 79, 124, 167
Flugspurauswertung 90
Flugverbot 91
Flugwege 121
Flugzeit 14, 35, 165
Flugzeugauslastung 193
Flugzeugbau 114
Flugzeugeigenschaften
 – aerodynamische 116
Flugzeugentlackung 196
 (s. auch Aquastripping)
Flugzeugflotte 86

Flugzeuggewicht 81, 169
(s. auch Abfluggewicht)
Flugzeughersteller 51, 52, 83, 187, 196
Flugzeugkonfiguration 88, 112, 117, 205
Flugzeugtanks 109, 110, 187
Fluorchlorkohlenwasserstoffe 135, 136, 205
Flüssig-Wasserstoff 185, 187, 188
– antrieb 189
Fly-by-wire 114
Forschungsergebnisse 145, 201
Fracht 46, 48, 60, 96, 97, 172
– abfertigung 59
– aufkommen 58, 58, 60
(s. auch Luftfracht)
– Umschlagszeiten 60
Frachtkapazität 48, 187
Frankfurt 38, 43, 129
(s. auch Frankfurter Flughafen)
Frankfurter Flughafen 43, 58, 59, 129
(s. auch Flughafen Frankfurt)
Fraunhofer-Institut 146
Fuel Dumping 123–125

G

Gebührendifferenzierung 93
Gebührenpolitik 91
Geräuschpegel 175
Geschäftsreisen 37, 46, 205
Geschäftsreisende 35, 36, 56
Globalisierung 5, 6
Golfkrieg 47, 66

Großflughafen 26, 56-58
Großkreisentfernung 42, 121, 205
Großraumflugzeuge 145, 178
Grundlagenforschung 63
Grundwasser 69, 70
Grundwasserspiegel (auf Flughäfen) 68
GUS 53
Güterverkehr 5, 30, 31
Güterverkehrszentren 31

H

Handelsabkommen 52
Hauhalte
– öffentliche 27
Hautkrebsrate 158
Hochgeschwindigkeitsnetz (der Bahn) 34, 57
Höhenstrahlung 95, 96
(s. auch Strahlung, UV-Strahlung)
Holding 112, 206
(s. auch Warteschleifen)

I

IATA 58
ICAO 25, 82, 83, 92, 131, 194, 195
Indikatorfunktion (des Luftverkehrs) 46
Individualverkehr 29, 31, 38
Industrialisierung 138, 184
Industriestaaten
– westliche 123
Innovationsbereitschaft 23
Interkontinentalverkehr 56, 187
Investitionsbedarf 27
Investitionspolitik 22

223

J

Jet 115, 119, 124, 125, 131, 173, 187
Jet-lag 13
Just-in-time 5, 6

K

Kanton Zürich 154
Kapazität 57, 60, 204
Kapazitätsanpassung (-ausweitung) 25, 27, 48
Kapazitätsengpässe 15
Kapital
– privates 27
Kapitalbedarf 204
Kapitalbeteiligung 17, 28
Kapitalbindung 18, 60
Kerosin (s. Treibstoff)
Kerosinverbrauch 121
Klappen 112, 113, 205
 (s. auch Landeklappen)
Klima-Enquête-Kommission 140
Klimaänderung 99
Klimaschwankungen 137
Kohlendioxid 135-138, 141, 146, 153, 155, 171, 191, 192, 206, 208
– gehalt 162
– menge 135, 192
Kohlenmonoxid 127, 129, 135, 155, 206
Kohlenstoff 124, 126
Kohlenwasserstoffe 129, 153, 163, 209
– unverbrannte 209
Kondensstreifen 143-146, 206
Konjunkturentwicklung 3
Konkurrenzkampf (zwischen Fluggesellschaften) 52
Kooperation 16, 17
Kooperationsabkommen 19
Kosten
– generalisierte 36
– volkswirtschaftliche 6
Kostenminimierung 6
Kostenreduzierung 19, 53, 66
 (s. auch Kostenminimierung)
Kraftstoff 110, 117, 119, 181
 (s. auch Treibstoff)
Kraftstoffbilanz 166
Kraftstoffverbrauch 166
Krebs 96
 (s. auch Hautkrebsrate)
Kurzstreckenflüge 22, 34, 36
 (s. auch Kurzstreckenverkehr)
Kurzstreckenverkehr 72, 119, 207
 (s. auch Kurzstreckenflüge)

L

Ladefaktor 164
Landeanflug 76, 112, 113, 127, 131, 150, 206
 (s. auch Approach)
Landebahn 127, 129, 131
Landegebühren 37, 91-93, 193, 204
Landegewicht 124, 131
– maximales 123
Landeklappen 76, 112
 (s. auch Klappen)
Landekonfiguration 112
Landschaftsversiegelung 70
Landung-Start-Zyklus 131
 (s. auch LTO-Zyklus)
Langstreckenverkehr 14, 32, 48, 51, 86, 149
Lärmbelastung 78, 80, 81, 87, 88

Lärmemission 81, 87, 98,
Lärmentstehung 98, 174
Lärmentwicklung 86, 173, 176, 182
– aerodynamische 75
Lärmkomponente 91-93, 175
Lärmmeßstellen 82
Lärm-Meßverfahren 94
Lärmminderung 90, 176
Lärmpegel 80, 175
Lärmreduzierung 88, 94, 176
Lärmschutzzonen 77
Lärmteppich 80, 207
Lärmwert 76, 78, 82, 93
Lärmzulassung 83, 86, 92
Lärmzuschlag (bei Landegabühren) 92
Laststufe (von Triebwerken) 129
Lastzustand 118, 127-129, 131, 156, 179
Launching Customer 19
Liberalisierung 48
(s. auch Deregulierung)
Linienflug 10, 48, 209
(s. auch Linienverkehr)
Linienfluggesellschaften 48, 207
Linienverkehr 77, 119
(s. auch Linienflug)
Liquidität 148
Lockheed 83, 125
Lösungsmittel 199
LTO
– Bereich 132, 153, 163
– Zyklus 131, 133, 150, 164, 207
Luftdichte 114, 117
Luftdruck 114, 150, 160

Luftfahrt-Organisation ICAO 127
(s. auch ICAO)
Luftfahrtindustrie 51-53, 63
(s. auch Flugzeughersteller)
Luftfahrtkonzept 2000 24, 28
Luftfeuchtigkeit 142, 144
– relative 143
Luftfracht 58, 59, 60-62,
Luftfrachtersatzverkehr 59
(s. auch Trucking)
Luftfrachtverkehr 59-61
Lufthansa 16, 19, 28, 49, 50, 60, 80, 81, 113, 122, 123, 134, 159, 197, 199
– Flotte 50
Luftschadstoffe 150, 155
Lufttemperatur 114, 115, 125, 141
Luftverkehrsabkommen 49
Luftverkehrspolitik 24, 28
Luftverkehrswirtschaft 51
Luftwiderstand 112
– induziert 76

M

Mach 115, 165
Magerverbrennung 178, 179
Magnetbahntechnik 39
Mantelstrom 174, 175, 203, 204
– triebwerke 173, 181, 183
Marketingallianzen (im Luftverkehr) 16
Markt
– anteil 48, 53
– offener 48
– osteuropäischer 43
Marktgesetze 48

225

Marktpotential 55
Marktsegment 53, 55
Marktstellung 59
Massenmobilität 4
Massenverkehr 39
McDonnell Douglas 83
MD-11 125, 164, 166
Methan 135, 136, 155, 185-189, 208
(s. auch Erdgas)
Methangehalt 162
Mikrowellen-Landesystem 15
Mobilität 1-6, 201, 202
Mozaic 159, 162
– Programm 100
Münchner Flughafen 70
(s. auch Flughafen München)
Mutationsbildung (durch Ozonabbau) 158

N
Nachfrage 6, 12, 14, 53
– Elastizitäten 1
Nachfrageänderungen 37
Nachfrageanpassungen 19
Nachtflugbeschränkungen 91
Nahverkehr
– öffentlicher 31
NASA 52, 149, 178
Nonstopverbindungen 14, 51
Nordatlantik 42, 99, 100
Nordatlantikstrecke 42
(s. auch Nordatlantikverkehr)
Nordatlantikverkehr 100, 161
Nordpazifik 42, 43
North Atlantic Flight Corridor 99, 100
No-Show-Problem 15

Nutzen
– volkswirtschaftlicher 16
Nutzlast 113, 117, 187

O
Ölreserven 184
Ordnungspolitik 23
Osteuropa 43
Ozon 106, 107, 151-154, 156-158, 160, 207, 208
Ozonabbau 151, 158
Ozonbelastung 151
Ozonbildung 152, 153, 158, 209
Ozondichte 151, 157
Ozongehalt (der Luft) 153
Ozonkonzentration 153, 154, 156, 160, 161
Ozonloch 151, 158
Ozonmolekül 155, 157
Ozonschicht 107, 154, 157, 158, 208
Ozonzerstörung 158
(s. auch Ozonabbau)

P
Passagieraufkommen 25, 41, 51, 58, 148
Pauschaltourismus 10
(s. auch Tourismus)
Photosynthese 135
Piloten-Vereinigung Cockpit e.V. 97
Planfeststellungsverfahren 25
Preiskämpfe 52
Privatisierung 16, 23, 27
Probestandläufe 116
Produktzyklen 189
Propeller (Antrieb) 181-183, 190
Propellerflugzeuge 56, 90
Propfan 181-183

R
Rahmenbedingungen 20
– wirtschafliche 66
Rail & Fly 33
Regionalfluggesellschaften 57
Regionalflugplätze 55, 57, 58
Regionalflugverkehr 55-58
Reiseflug 106, 111, 117, 119, 127, 133, 150, 164, 165, 177
– bedingungen 149
– höhe 127, 157, 160, 162
– Konfiguration 112, 205
Reisegeschwindigkeit 114, 115, 181, 183
Reisekosten 36
Reisezeit 35
Rohstoffquellen 184
Ruß 127
– teilchen 143

S
S-Bahn 33, 34
saurer Regen 163, 209
Schadstoffausstoß 18, 100, 173, 191, 192
Schadstoffbilanz 164
Schadstoffentstehung 128, 129, 132, 164
Schadstoffmengen 121, 127, 133, 168, 171
Schadstoffreduzierung 28, 181
Schadstoffverteilung
– globale 147
Schall 115
Schalldruckschwankungen 76
Schallemission 74
Schallgeschwindigkeit 115
Schallintensitäten 76, 77
Schallpegel 82
Schubkraft (bei Triebwerken) 133
Schubumkehr 88, 131
Schwefel 126
Schwefeldioxid 127
Schwellenländer 43
 (s. auch Dritte Welt)
Schwermetalle 28
Serviceorientierung 66
Sitzladefaktor 56, 120, 208
Sitzplatzkapazität 208
Slot 24, 208
Smog 151
 (s. auch Sommersmog)
Sommersmog 209
Sonderabschreibungen 22
Sonnenlicht 137, 153
Spurengase 104, 107, 135-138
Staatshaushalt 37
Standortentscheidung 63
Standortfrage 26, 62
Standortsicherung 64
Startbahn 68, 80, 127, 129, 130, 165
Startgewicht 124, 130
Startphase 127, 133
Steigflug 87, 127, 150, 160, 177
Stickoxid 126, 134
Stickoxidausstoß 147
Stickstoffelemente 148
Strahlenbelastung 95, 97, 98, 200
 (s. auch UV-Strahlung)
Strahlendosis 97
Strahlenschäden 97
Strahlung 95
– kosmische 99
– kurzwellige 107
– langwellige 137

227

- ultraviolette 106
  (s. auch UV-Strahlung)
Straßenverkehr 22, 29, 31, 39
Stratosphäre 100, 101, 105, 106, 138, 142, 146, 151, 152, 154, 156, 158, 161, 162, 208
- polnahe 144
Strukturveränderungen (in der Wirtschaft) 23
Subventionen 22
Swissair 148, 153, 162, 163, 165

T
Technologieförderprogramm 186
Temperaturschwankungen
- natürliche 144
Ticket 37, 48, 192
- preis 37, 193
time-lag 99
Tourismusbranche 7, 8, 10, 11
Transatlantikverkehr 49
  (s. auch Nordatlantikverkehr)
Transportarbeit 119, 169
Transportkosten 61
Transportleistung 14, 62, 81
Transportwirtschaft 8
Transrapid 39, 40
Treibhauseffekt 141, 145, 146, 153, 191, 208
- künstlicher 138, 140
- natürlicher 136, 137, 155
Treibhausgas 135, 138, 140, 153, 191
Treibhauswirkung 186

Treibstoff 75, 98, 100, 109-114, 116, 119, 121, 123-126, 129, 135, 141, 149, 163, 165-168, 171, 174, 178-181, 185-189, 206
Treibstoffeinsparung 116, 122
Treibstoffkosten 93
Treibstoffmenge 124, 166, 111
Treibstoffpreise 111
Treibstoffverbrauch 111, 112, 114-117, 119, 121, 122, 125, 147, 165, 167, 173, 205
Triebwerk 75, 81, 83, 87, 111, 114-116, 119, 124, 127-129, 131, 132, 134, 147, 149, 156, 165, 166, 173-176, 178, 179, 181-183, 186
  (s. auch Antriebsaggregate)
Triebwerksausfall 110, 111
Triebwerkshersteller 107, 108, 178
Triebwerkskonzept 39, 179, 182, 134, 183
Triebwerksleistung 88
Triebwerkstyp 131, 164
Triebwerkswartung 117
Tropopause 101, 105, 106, 138, 142, 144, 161
Troposphäre 101, 103, 104-107, 141, 151-155, 158, 209
Trucking 59
  (s. auch Bodenersatzverkehr)
Tupolew 189
Turboprop-Flugzeuge 173

U
Überkapazitäten 51
Überschall-Verkehrsflugzeuge 157
 (s. auch Concorde)
Umweltabgabe 192
Umweltgebühr 194, 195
 (s. auch CO_2-Abgabe)
Umwelt-Verträglichkeits-Gutachten 28
Urbanisierung 70
Urlaubsreise 3, 8, 9
Urlaubsziele 10
USA 17, 24, 43, 49, 52, 123, 135, 161, 191
 (s. auch Vereinigte Staaten)
UV-Einstrahlung 158, 196
 (a. auch Strahlung)
UV-Licht
– langwelliges 154
UV-Strahlung 207
– kurzwellige 154, 157, 158

V
Verbesserungsprozeß
– kontinuierlicher 53
Verbrennungsgemisch 179
Verbrennungstemperatur 149, 178, 180
Verdampfungsrate (von Flugtreibstoffen) 188
Vereinigte Staaten 17, 52
 (s. auch USA)
Vereinte Nationen 25
Verhaltensmuster 4, 12, 14
Verkehrsabkommen 48
Verkehrsaufkommen 26, 55, 129
Verkehrsbeschänkungen 24
Verkehrsentwicklung 43
Verkehrsexperten 31, 41
Verkehrskonzept 22, 29
Verkehrslenkung 31
Verkehrsnachfrage 4
Verkehrspolitik 20, 22, 24
Verkehrssicherheit 30, 72
Verkehrsspitzen 79
Verkehrsströme 20, 22, 31, 43
Verkehrsträger 4, 5, 7, 20, 22, 23, 27, 29, 30-33, 35-40, 57, 70, 71, 73, 119, 169, 200
Verkehrsverbund 22, 30, 34
– systeme 29
Verkehrsvermeidung 31
Verkehrswege 71
– netz 20
– planung 23
Verteidigungshaushalt 52
Verweildauer (von Schadstoffen) 138
Vielflieger 96

W
Wachstumsmarkt 11, 41, 43, 53, 56
Wachstumspotentiale 55
Waldschäden 153
Wärme
– energie 137
– rückstrahlung 141, 145
Warteschleifen 15, 112
 (s. auch Holding)
Wasserdampf 107, 136, 141, 142, 146, 151, 154, 160, 171, 186, 206, 208
– Konzentrationen 144, 160-162
Wasserstoff 126, 185-189
– Antrieb 185
– Flugzeug 187
– Gewinnung 185
– Tanks 187

229

Wechselkursschwankungen 52
Weltbevölkerung 123, 184
Weltklima 137
Weltluftverkehr 48, 121, 209
Weltmarkt 5, 53
Weltwirtschaft 41, 48
Weltwirtschaftslage 46, 51
Wertewandel 7
Wertschöpfung 63
Winglets 76, 209
Wirbelschleppen 15, 145
Wirtschaftsbarometer 46
Wirtschaftsfaktor 10, 64

Wirtschaftsraum
– Europa 63
– europäischer 62, 64
Wirtschaftsschwäche 47, 66

Z

Zeitverschiebung 91
 (s. auch Jet-lag)
Zersiedelung
– der Landschaft 70
Zubringerverkehr 34, 38, 57
Zürcher Flughafen 72, 79
 (s. auch Flughafen Zürich)
Zürich 78, 79, 123, 164, 168, 171, 172

GPSR Compliance

The European Union's (EU) General Product Safety Regulation (GPSR) is a set of rules that requires consumer products to be safe and our obligations to ensure this.

If you have any concerns about our products, you can contact us on

ProductSafety@springernature.com

In case Publisher is established outside the EU, the EU authorized representative is:

Springer Nature Customer Service Center GmbH
Europaplatz 3
69115 Heidelberg, Germany

www.ingramcontent.com/pod-product-compliance
Lightning Source LLC
LaVergne TN
LVHW010256260326
834688LV00044B/1308